湛庐CHEERS

与最聪明的人共同进化

HERE COMES EVERYBODY

丹尼尔·丹尼特讲心智

科学大师书系

[美] 丹尼尔·丹尼特 著
Daniel C. Dennett
刘红江 译

Kinds of Minds

天津出版传媒集团
天津科学技术出版社

上架指导：科普 / 社会科学

天津市版权登记号：图字 02-2020-215 号

图书在版编目（CIP）数据

丹尼尔·丹尼特讲心智 / (美) 丹尼尔 · 丹尼特著；刘红江译 . -- 天津：天津科学技术出版社，2021.7

书名原文：Kinds of Minds

ISBN 978-7-5576-9452-4

Ⅰ . ①丹… Ⅱ . ①丹… ②刘… Ⅲ . ①心理学—通俗读物 Ⅳ . ① B84-49

中国版本图书馆 CIP 数据核字 (2021) 第 125890 号

丹尼尔·丹尼特讲心智
DANNIER DANNITE JIANG XINZHI
责任编辑：曹　阳
责任印制：兰　毅

出　　版：天津出版传媒集团 / 天津科学技术出版社

地　　址：天津市西康路 35 号
邮　　编：300051
电　　话：（022）23332377（编辑部）
网　　址：www.tjkjcbs.com.cn
发　　行：新华书店经销
印　　刷：天津中印联印务有限公司

开本 880 × 1230　1/32　印张 7.25　字数 132 000
2021年7月第1版第1次印刷
定价：79.90元

测一测　　你对心智了解多少？

1. 认为自己是全宇宙唯一具有心智的存在，而其他人或物都不过是无心智的机器，这一观点属于下列哪种哲学流派？（单选题）

A. 唯我论

B. 唯心论

C. 唯物论

D. 身心二元论

2. 探索“心智有哪些种类，我们又是如何知道的”这两个问题的研究可以用哪两个学术理论来概括？（多选题）

A. 朴素唯物主义

B. 本体论

C. 认识论

D. 存在主义

3. 我们如何能够确认动物有无心智？（多选题）

A. 了解它们的心智是否在某些方面和我们一样

B. 了解它们是否拥有某种道德立场

C. 无限扩大有心智者的认知范围

D. 用证据证明动物具有某种相关特质

4. 丹尼尔·丹尼特认为探究心智应该采用哪种方法？（单选题）

A. 道德

B. 实验

C. 意向系统

D. 推论

5. 认知能力进化的三个层级包括下列哪些选项？（多选题）

A. 达尔文式造物

B. 斯金纳式造物

C. 波普尔式造物

D. 津巴多式造物

前言

我不是科学家，我是哲学家。我们哲学家更善于问而不是答。虽说这样开场，但我并不是要妄自菲薄以及贬低哲学这门学科。找到更好的研究问题，打破原有的设问习惯和传统，是人类认识自身、认知世界的浩大工程中极其困难的部分。如果哲学家们能够保持开放的心态，不放纵自己根据“明显的”第一性原理（first principles）回答所有的问题，把自己那些历经职业磨砺的问题评论者天赋发挥出来，就能对哲学研究做出卓越的贡献。对形形色色的心智展开提问有多种方式，而我的方式，即本书要介绍的方式，几乎每天都在变化，也就是依照我对新发现、新理论、新问题的理解，不断补充、完善、修订。我会介绍一套基本假设，将我的提问方式融入其中，并让这种方式呈现出一种稳定、可辨识的模式。但是，我这种提问方式最激动人心之处是处于模式边缘不断变化的那些部分，也就是实践所在的位置。本书的要义就是呈现我马上就要提出的这些问题，不过请注意，其中一些很可能并无答案。但我的提问方式历经时间考验，成绩斐然，还因不断吸纳新发现而蓬勃发展，而这里面的部分新发现正是受到了我以前所提问题的启发。

对于心智问题，其他哲学家也给出了可与我匹敌的提问方式。不过其中最有影响力的几种方式，尽管起初看来吸引力十足，却往往导致自相矛盾、进退两难或难以理解的情况。稍后我会具体说明。所以，请让我信心满满地向大家推荐我目前认为的好问题清单。

人类心智仿佛是融合了迥异设计、纷繁经纬的复杂织物。其中某些成分就像生命本身一样古老，某些成分又像今天的技术一样崭新。人类心智在某些方面与其他动物毫无二致，在另外一些方面却大不相同。进化的视角能够帮助我们理解心智现有成分的构成方式和原因，却没有一条径直的“从微生物到人”的时间线将每一条新线索汇入的时刻揭示出来。因此，在正文部分，我只得在简单心智和复杂心智之间来回穿梭，为引入新的主题不断回顾过去，直到最终引出明确是人类心智的东西。接下来，我们再次回顾书中介绍的心智的差异之处，并评估某些影响。

1995年5月至6月间，我在爱尔兰国立都柏林大学举办了阿格尼丝·卡明（Agnes Cuming）系列讲座，在新西兰克里斯特彻奇的坎特伯雷大学做厄斯金研究员（Erskine Fellow）期间举办了公开讲座。以上讲座内容即为本书初稿。我要感谢这两所大学的师生，他们富有建设性的讨论帮助本书脱胎换骨、更加完美（这一点我很确信）。我还要感谢马克·豪泽（Marc Hauser）、阿尔瓦·诺埃（Alva Noë）、崔伟（Wei Cui，音译）、香农·登斯莫尔（Shannon Densmore）、汤姆·舒曼（Tom Schuman）、帕斯卡·巴克利（Pascal Buckley）、杰里·里昂（Jerry Lyons）、萨拉·利平科特（Sara Lippincott），以及在美国塔夫茨大学跟我学习“语言与心智”课程的学生们，他们阅读了本书的初稿并不吝指正。

目 录

KINDS OF MINDS

01 心智是什么

如何确认自己有没有心智？

如何确认动物有没有心智？

复杂的机器人会产生感知吗？

判断心智是否存在的标准是什么？

如何确认自己有没有心智

我们真的了解别人的想法吗？女人能否知道当男人的感觉？分娩过程中婴儿经历了什么？胎儿在母亲的子宫中又经历了什么呢？而那些非人类的心智又会如何呢？马儿想的是什么？为什么秃鹫吃了腐尸却不会感到恶心？鱼被鱼钩钩住了嘴，是不是和你的嘴唇被鱼钩钩住一样疼？蜘蛛能思考吗？还是说，它们就是微型机器人，机械地埋头编织精美的蛛网？从这一点来说，要是机器人做得足够精巧，那它会拥有意识吗？有些机器人几乎可以像蜘蛛一样灵活地四处走动，操纵物体。那么，更复杂的机器人能否像人那样，感觉得到疼痛，并且会为自己的将来担心呢？或者说，是否存在某种不可逾越的界限，将机器人（也许还包括蜘蛛、昆虫以及其他伶俐机敏却没有心智的生物）与那些具有心智的动物区分开来？是否除了人类，其他动物全都是没有心智的机器呢？

回溯 17 世纪，笛卡尔那个臭名昭著的观点[①]就是这个意思。有没有可能是他完全搞错了？有没有可能所有动物，乃至植物，甚至细菌，全都拥有心智呢？

再看另外一种极端情况：我们真的那么肯定所有人都拥有心智吗？考虑一下最极端的情况，很可能你就是全宇宙唯一拥有心智的存在。很可能其他所有人，包括这本书表面上的作者，都只不过是无心智的机器。第一次冒出这个怪念头的时候，我还是个小不点儿。也许你也有过这种稀奇古怪的想法。我的学生里差不多有 1/3 的人声称自己小时候脑子里也蹦出过这种想法，而且他们还认真琢磨了一番。得知这是一个名叫“唯我论”（solipsism，源自拉丁语，意为“我独自一人”）的常见的哲学概念时，他们常常觉得很搞笑。大家都知道，没人会一直把“唯我论”当回事，但是这个词的确提出了一个严肃的问题：要是我们知道“唯我论”很蠢，也就是说我们知道还存在其他类型的心智，那我们又是怎么知道的呢？

---

① 即笛卡尔推崇的身心二元论。笛卡尔认为物质和心智是两种完全不同的事物。作者后文会论述相关内容。——编者注

心智有哪些种类？我们又是如何知道的呢？用哲学术语来说，第一个问题是关于存在的，是“本体论”（ontology）；第二个问题是关于知识的，是“认识论”（epistemology）。本书的目的并不是要一劳永逸地给出这两个问题的答案，而是要说明为什么必须同时回答这两个问题。哲学家们经常提醒人们不要混淆本体论问题和认识论问题。他们说，存在是一回事，而对存在的可能认识是另外一回事。完全不可知的事物也许的确存在，因此我们一定要当心，不能把知识的局限完全等同于存在与否的分界线。这是个不错的一般性建议，我完全同意。但是，我认为我们对心智的了解已经足够，已经明白心智有别于世间万物的一点就在于了解心智的方式。比如，你知道自己拥有心智，也知道自己有大脑，但是这两种“知道”不是一回事。

你知道自己有大脑的方式和知道自己有脾脏的方式相同，都只是听来的而已。我敢打赌，你从来没有见过自己的脾脏或大脑。只不过是教科书告诉你所有正常人都有脾脏和大脑，你就断定自己也有。你对自己的心智更加熟悉，熟悉到你也许会说自己就是心智的程度。这一点正如笛卡尔所言，他说自己就是“心智实体”，或者说一个思维实体。书本或老师也许会告诉你心智是什么，但是你没必要非得接受别人的“你有心智”

这种说法。要是你曾经考虑过自己是否正常，是否像其他人一样拥有心智，你就会立刻意识到，正如笛卡尔指出的那样，你对这个想法的怀疑毫无疑问地证明了你的确拥有心智。

这说明我们每个人都能发自内心地准确了解自己的心智，却没有两个人能发自内心地了解同一心智。没有什么其他种类的事物是这样为人所知的。而且，目前所进行的全部讨论都是从“我们（你和我）如何了解”的角度进行的，以“唯我论是错误的”为前提。我们（请注意这里的复数形式）对这个前提反思得越多，越绕不过去。那就是不会只存在一种心智，或者是至少不会只有一种同我们一样的心智。

如何确认动物有没有心智

要考虑非人类动物是否拥有心智这个问题，我们得先问一问它们的心智是否在某些方面和我们一样，因为就目前而言，我们唯一有所了解的就是自己的心智。你给自己提个问题，非人类动物有没有 flurb[①]？如果你不知道 flurb 是什么，你就无法

① 并不存在 flurb 这种物质。作者举这个例子是为了说明要想判断某个事物是否存在，首先要确定它是什么。——编者注

明白这个问题的意思。不管心智是什么，它都应该与我们的心智有相似点，否则我们就不能称之为心智。因此我们的心智，我们唯一从一开始就知道的心智种类是标准，一切研究都以这个标准作为起点。没有这样的共识，我们就会愚弄自己，说废话而不自知。

我对你说话的时候，就默认把我们俩都包含在有心智者的范畴之内。这个必然的前提创造了或者承认了一个小群体，一个有别于宇宙其他事物的特权群体。这种观念深深地植根于我们的思维和谈话中，天经地义得几乎让人察觉不到，但是我必须再说上一说。提到“我们”这个词，就说明：你不是独自一人；唯我论是错误的；一定存在“我”的同伴。要是我们把组合变得奇怪一些，就会看得十分清楚：“拂晓时分，我们——只有我和我的卡车，离开休斯敦，上了路。”

奇怪吧。要是说话的这位认为卡车也是个不错的旅伴，可以归入“我们”这个称谓，那他一定非常孤独。要不然，就是他的定制款卡车能让全世界的机器人专家羡慕不已。反之，“我们——只有我和我的狗”这种说法就很容易让人接受，而“我们——只有我和我的牡蛎”这种说法则没人会当真。换言之，我们十分肯定狗是有心智的，却没法相信牡蛎也有心智。

有心智者这个身份提供了一项至关重要的保障，它确保我们拥有某种道德立场。只有有心智者才会在意道德，才会关心发生了什么。如果我对你做了一件你不想让我做的事，这就牵涉道德。这件事之所以重要是因为它对你很重要。这件事也许没那么重要，或者各种各样的原因导致你的诉求没被理会，又或者因为你先做了坏事，我正在公正合理地惩罚你，所以你在乎这件事的事实恰好证明我做得对。无论是上述哪种情况，你对这件事的态度都会影响道德天平的平衡。如果花儿有心智，那么对花儿来说，我们对它们所做的事情就是重要的，而不只是对那些关心花儿遭遇的人重要。如果谁都不在乎，那么花儿遭遇了什么并不重要。

有些人不赞成这样的说法。他们坚持认为，即使没有拥有心智的东西知道或者在意花儿的存在，花儿也拥有某种道德立场。例如，花儿的美，不论有没有人欣赏，其本身都是一件美好的事物，因此不应遭到破坏。这种说法并非认为花儿的美丽对上帝而言是重要的，或者对于那些我们难以觉察到其存在的事物而言可能是重要的，而是认为美本身是重要的，即使无人在乎，即使它对花儿本身、上帝或其他任何人而言都不重要。尽管我并不认同，但相比于全盘否定这个观点，我更愿意指出它是有争议且不被普遍接受的。反之，要让大多数人认同有心智者的诉求十分重要，不需要太费唇舌。这就是为什么人们在道德上非常关注“什么拥有心智”这个问题。任何对有心智者的划分标准进行修改的建议都有重要的道德意义。

我们或许会犯错误。我们或许会将心智错误地赋予无心智者，也可能会忽视身边的有心智者。这些错误的严重程度不尽相同。与室内盆栽植物“交朋友”，或者夜半时分为书桌上休眠的计算机的幸福而忧心无眠，这样过度扩大有心智者的范围，充其量不过是犯了轻信的蠢错误。但是，无视、轻视或否定拥有心智的人或动物的经历、悲欢、壮志难酬、愿望落空，这种做法则是可怕的罪过。毕竟，要是你被当作无生命的物体对待，你又会做何感想呢？请注意，此处反问的逻辑基础是“我们都是有心智者”。

事实上，这两种错误都可能导致严重的道德问题。如果过度扩展有心智者的范围（例如，要是我们认为细菌也有心智，就不能理直气壮地杀死它们了），我们就会为了一些毫无道德重要性的东西，牺牲很多真正牵涉道德的对象（朋友、宠物、我们自己）的权益。有关堕胎的争执正是陷于这样的窘境：一些人认为，显而易见十周大的胎儿有心智，另一些人则认为胎儿显然没有心智。要是没有，就会引发另一场争论：比起一条生了坏疽的腿或是一颗长了脓疮的牙，一个胎儿并不享有更多的权益。那么为了挽救怀着他的有心智者的生命（或者满足其权益），就可以打掉胎儿。不过，如果胎儿的确已经有了心智的话，那么无论如何决定，显然我们都不得不同时考虑胎儿和母体两方的利益。

介于这两种极端做法之间的是真正的窘境：如果不加干预任其发育，胎儿很快就会拥有心智，那么我们应当从什么时候开始考量他即将拥有的权益呢？拥有心智与道德立场这个问题的相关性在上述情况中尤为明显，因为如果确知胎儿患有无脑症，那么大多数人争论的焦点就会发生戏剧性的变化。当然，只是绝大多数人而已。我不打算在这里解决这些道德难题，只是想说明一种常见的道德舆论如何将我们对这些问题的兴趣放大到远超一般好奇的程度。

此时，道德规范和科学方法是背道而驰的。道德的做法是，宁可错误地扩大有心智者的范围，也不要冒险。科学的做法是，用证据证明被归类对象确实具备相关特质。比如，作为科学家，你不能只是宣称谷氨酸分子（一种参与细胞之间信号传递的基本神经递质）的存在就等同于心智的存在。你得证明这一点，去推翻心智不存在的虚无假设（null hypothesis）

（“无罪推定”就是刑法中的虚无假设）。对于何种物种拥有何种心智，科学家们莫衷一是。尽管坚持认为动物拥有意识的科学家接受了这样的举证责任，并且认为通过提出并确认哪些动物拥有意识的理论，就可以证明这一点。不过，目前还没有任何这样的理论得到证明。同时，我们也理解一些人的不安，他们认为这种不可知论的等待观望策略危害了某些生物的道德地位，也就是那些他们确信有意识的生物。

假设摆在我们面前的问题不是鸽子或蝙蝠是否拥有心智，而是左利手人群或者红发者的心智问题。要是有人告诉我们，这些人是否够格进入有心智者的特权群体仍然有待证明，我们就会觉得受到了深深的伤害。同样，要求证明非人类物种拥有心智也会令很多人感到愤怒。但是，如果他们对自己足够坦诚的话，就会承认自己也看到了证实的必要性，比如，有必要证实水母、变形虫或者雏菊是否有心智。因此，我们双方在证实的必要性原则上是一致的，他们感到不快的原因只是，那些与我们十分相似的生物的情况同样需要被证实。我们可以接受在事实确定之前，在态度上包容一些，从而让他们不那么焦虑。可是，要用科学的方法证实你所赞成的“动物拥有心智”假说，你必须付出代价，那就是你赞成的假说也许会被科学否定。

语言，确认心智是否存在的有力证据

不过，你我都有心智，这一点毋庸置疑。我怎么知道你有心智呢？因为我使用代词“你”自动称呼那些能理解我说的话的人，而且只有有心智者才能够理解这一点。有些由计算机驱动的设备可以为盲人读书，能把一页只能看的文字转化成一段听得见的声音，但是并不理解那些话的含义，因此，就不能用它们读到的任何一个“你”来称呼这些设备。透过设备发出的声音，“你”这个词称呼的是那些理解这些话的听众。亲爱的读者或听众，我正是通过这种方式知道你拥有心智的。我也有心智，相信我。

事实上，我们平常就是这样——我们根据彼此说的话来排除合理怀疑，解决对方是否拥有心智的问题。为什么言语会如此令人信服？因为这是消除疑问和不确定的最佳方法。要是看见一个人挥舞着斧子，怒气冲冲地向你走来，你就会想：“这个人怎么了？他会攻击我吗？他是不是把我错当成了别人了？我得问问他。”也许他会证实你最担心的事，或者他会告诉你，汽车怎么也打不开（你恰好站在车前），拿斧子回来就是为了砸碎车窗。他说这车是他的，不是别人的，你也许不相信。

不过，要是你不打算逃走的话，再多聊两句，你一定会把情况搞清楚，消除疑问——除非你们俩完全无法交流，比如你试着提问，可他说的是外语。也许，你们两个接下来会借助手势来比画着沟通。如果灵活使用，这些办法也能帮上不少忙，但它们只是语言的拙劣替代品。仔细想想看，要是现场有一位双语翻译，你们两个会多么急于证实那些好不容易才弄清楚的问题啊！有了翻译的帮助，只要几番问答就能消除其余不确定的地方，而且还能增加其他方式无法传达的细节：当他看见你一手抚胸，一手向前推出，他猜你想说自己病了；他不停地追问，一旦他能够打碎玻璃、拿到钥匙，你是不是想要让他带你去看医生。他把手指放在耳朵里，表示听诊器。哈，现在好了，三言两语就全明白了。

人们经常强调两种人类语言之间进行准确可靠的翻译有多么困难。这种观点认为，由于人类文化差别巨大、“无从比较”，因此一个人无法完全领会另一个人的意思。毫无疑问，翻译的不完美总是在所难免，但或许不会影响大局。完美的翻译也许是不可能的。但好的翻译也很常见。我们可以客观地将好翻译和不好的翻译、糟糕的翻译区分开来。好翻译可以使全人类，不论种族、文化、年龄、性别或经历，紧密地联系起来，其紧密程度远超任何其他物种个体间的关系。人类以地球上其他一切生物难以匹敌的方式共享一个主观世界（我们对此十分清楚），就是因为我们能够交流。没有或者尚未具备语言交流能力的人不在此列，所以很难弄清新生儿或聋哑人的主观感觉。

交流可以使我们与他人联系起来。挪威的渔夫、尼日利亚的出租车司机、80 岁的修女、天生失明的 5 岁男童、象棋大师、风尘女子、战斗机飞行员，他们的体验我们都能知之甚多。相比之下，我们对海豚、蝙蝠甚至黑猩猩的体验（如果有的话）的了解要少得多。无论分布在地球各处的人类存在多么大的差异，我们都能够探究并交流这种差异性。无论一群比肩而立的角马多么相似，它们都不能够对彼此的相似性有所了解，更不要说差异性了。它们无法交流。虽然它们可以肩并肩地经历相同的事情，却不能像我们一样分享这些经历。

有些人也许会怀疑这一点。动物为什么不能够以人类所不能探知的方式“本能地”相互理解呢？当然，有些作家认为动物是可以相互理解的。例如，伊丽莎白·马歇尔·托马斯（Elizabeth Marshall Thomas）在《狗的秘密生活》（*The Hidden Life of Dogs*）中，猜想狗对它们自己的事清清楚楚。举个例子，“出于某些狗知而我们不知的原因，许多狗妈妈不会与自己的儿子交配”。狗出于本能抗拒这种近亲繁殖行为是毫无疑问的，可是作者凭什么认为狗比人类更清楚自己本能行为背后的原因呢？许多事情我们出于本能特别不愿意做，却对这种不情愿的原因一无所知。

如果我们讨论的是个科学问题，那么毫无证据地假设狗比人对自身的本能有更多的了解，就是以一种不可接受的方式忽视了虚无假设。接下来你会了解到，简单生物也能非常恰当地与环境、与同类和谐相处，但对自己的谐调状态一无所知。但是，通过交谈我们已经知道，人类非常善于深入地理解自己和他人。

当然，我们也许会被愚弄。人们常说，想知道某个人说的是不是真心话，不是件容易的事。言语是最强大的交流工具，也因此成为欺骗和操纵的最有利工具。不过，说谎很容易，但发现某人说谎也同样容易。尤其是，谎话越说越多，圆谎往往会压垮说谎的人。在幻想中，我们能够念咒语召唤出能力无限强大的骗子。但是，在现实世界中，我们完全可以识破那些对说谎狂魔而言“理论上可行的”骗局。撒了弥天大谎还能不说漏，这太难了，根本做不到。

我们知道世界各地人的好恶喜忧相同；我们知道他们喜欢

回忆生活中最美好的事；我们知道他们都喜欢做白日梦，还刻意把细节改来改去；我们知道他们同样有痴迷、梦魇和幻觉；我们知道一股香气、一段旋律能够使他们忆起人生的某个具体事件，他们经常心中思绪万千，嘴巴却一动不动。很久之前，科学心理学尚未出现，对人类进行细致观察和实验尚未开始之时，这些就是人所共知的事情。自远古时代，我们就知道人类的这些情况，原因是我们和他们有过交谈。我们对其他物种的精神世界没有这么了解，就是因为我们不能和它们交谈。我们可以认为自己知道，但还要靠科学研究来证明或推翻我们惯有的直觉。

如何确认无言者有没有心智

那些出于某些原因不愿或不能表达思想的人，别人很难说清他们正在想什么。可即使不能确认细节，我们通常还会认为那些沉默不语的人的确在思考，的确有心智。如此善解人意，只不过是因为能够想到这样一种情形：我们有时候也根本不想和别人说话，一直暗自想心事，也许还会因为想到旁人很难弄清自己在想什么而自得其乐。

无论言语的存在多么重要，都不是拥有心智的必要条件。根据这个明显的事实，确实容易得出一个不太可靠的结论：可能存在一些生命形式，它们拥有心智，却并不能告诉我们它们在想什么。这并不是因为它们瘫痪麻痹或是得了失语症（由于大脑局部受损而无法进行言语交流），而是由于它们根本没有语言能力。但是我为什么说这是一个不太可靠的结论呢？

先来考虑对其有利的情况。不管是由于惯例还是常识，人们一定会认为存在某些没有语言的心智；我们能够与他人讨论自己的心思，这种行为一定只是一种次要天赋，就像激光打印机是计算机的外设一样（计算机不外接打印机，完全能够正常运行）；当然，除人类之外的动物，至少是其中的一些，一定也有精神活动；还不会说话的人类婴儿、聋哑人（甚至那些特别少见的连手语也不会的聋哑人）一定都有心智。对此，我十分确定。这些心智与我们的心智（那些能够理解这种对话的人的心智）有着天壤之别，但是那一定也是心智。我们了解其他心智的捷径是语言，而语言没有延伸到他们那里。但这只是我们知识的局限，并不是他们心智的局限。于是，就出现了这种可能性：我们对有些心智的内容充满好奇，但完全无法知道它们到底是什么样的。它们不可获知、难以理解、不能通过任何方式深入其中进行研究。

面对这种可能性，我们惯常的反应是接受它。的确，心智是终极的“未知领域”（terra incognita），任何科学都难以触及它。对那些没有语言的心智而言，也无法进行感同身受般的对话。因此，我们要用一点点谦卑来克制自己的好奇心。不要混淆了关于客观存在的本体论问题和关于如何了解客观存在的认识论问题。我们必须坦然接受存在我们无法涉足的禁区这一美妙的事实。

但是，在坦然接受这个结论之前，还要思考有关我们自身的其他明显事实的背后含义。我们发现自己经常会不加思考地做些聪明事儿。我们是“自动”做这些事的，或者说是在无意识的情况下进行的。例如，如果地面不平，你走路的时候就会用边缘视觉的形状光流（optic flow）信息来调整步幅。那利用信息是怎么回事？答案是没这么回事。即使努力，你也无法注意到这一过程。这就好像熟睡时，你很难注意到你将左臂扭放到了一个会造成左肩不当拉伤的位置。根本没这回事。它并不是你经验的一部分。你毫无意识地迅速转向一个“更舒服”的位置，并没有中断睡眠。

如果让我们来谈谈精神活动中这些推定的部分，我们就会头脑一片空白。无论头脑中发生了什么，使我们做出了这些聪明的举动，那都不是我们精神活动的一部分。所以，要考虑的另外一种可能性就是在那些无语言的生物之中，有些根本没有心智，做什么事都是自动的、无意识的。

对于这种可能性，我们惯常的反应也是接受。没错，有些生物完全没有心智。细菌一定没有，阿米巴原虫和海星很可能也没有。甚至蚂蚁都没有心智，因为它们所有那些聪明的活动，很可能也只是无心智的自动机，四处忙碌，没有一丁点儿的主观体验和想法。那么，鳟鱼呢？小鸡呢？老鼠呢？我们也许永远不能在有心智和无心智的动物之间划出一条明显的分界线，但这只是我们的知识体系中不可避免的局限性的另一种体现：这些事实也许是体系性不可知，而不只是难以发现。

那么，现在有两种不可知的事实：那些有心智但无法用言语表达想法的生物在想什么；到底哪些生物有心智。这两种知识禁区并不是都那么容易让人接受。对客观观察者而言，心智之间的差异也许从整体上看是显而易见的，但小的细节却越来越难以确定。这就属于劳动投入越多而回报越低的情况。剩余的未知并不是神秘地带，而只是不同心智的异同，在内容信息丰富与查找手段有限之间存在的不可避免的空白。心智之间的差异会像语言、音乐和艺术风格的差异一样，在种类上难以穷尽，在相似程度上无限接近。

不过，有心智和无心智之间的差异，有点类似于拥有主观观点和根本没有主观观点只有客观视角（就像一块石头或者一截剪掉的指甲）之间的差异，完全是一种“要么全有，要么全无”的差异。无论怎么深入研究，我们都无法知道龙虾壳里或者机器人亮闪闪的外表背后，是否有个谁会有感受，这个想法更加令人难以接受。

在道德层面上如此重要的事实，对我们来说竟然是体系性不可知的，这种说法完全不可忍受。这意味着无论我们进行何种调查，有可能会为了无心智者完全虚幻的利益，而牺牲一些有心智者真正的道德权益。如果我们发现自己无意中造成了伤害，往往会把实在不知道会有什么后果当作合理的借口，但是如果非要一开始就宣称自己对一切道德思维的根本一无所知，那么道德准则就完全成了一个幌子。幸好，这个结论既不可忍，也不可信。比如宣称左利手都是无意识的僵尸，可以像自行车一样被拆得七零八落。这种说法无疑是荒谬至极的。反过来，说细菌能感知痛苦，胡萝卜会介意自己被毫不客气地从泥土之家里拔出来，也同样荒谬。显然，现在我们十分确信有些东西是有心智的，而另一些没有，这才是至关重要的。

但是，我们现在还不知道我们是怎样知道了这些事实。我们对这些例子的直觉并没有强大到可以保证其可靠性。请思考下面几个例子。先来看看进化论学者伊莱恩·摩根（Elaine Morgan）的说法。

> 新生儿让人心动的一点是，从他出生的那一刻起，世界上就多了个小人儿。任何人俯身凝视小床里的他时，他都会回视。

这个观察结果完美地诠释了人类观察者对目光接触会做出怎样的本能反应。但这也表明我们多么容易受到误导。例如，我们会被机器人愚弄。

在麻省理工学院的人工智能实验室，罗德尼·布鲁克斯（Rodney Brooks）和林恩·安德烈亚·斯坦（Lynn Andrea Stein）召集了一支由机器人学家和其他学者（包括我）组成的团队，制造一个名叫科戈（Cog）的人形机器人。同其他机器人一样，科戈也是由金属、硅和玻璃制成的，但是它的设计与其他机器人迥然不同，与人类的构造更相像。也许有朝一日科戈能够成为世界上第一个有意识的机器人。有意识的机器人，这可能吗？我提出过一种意识理论，即“多重草稿模型”（Multiple Drafts Model），大意是有意识的机器人在理论上是可行的。现在，我们正瞄准这一遥远的目标，进行科戈的设计，但是它距离拥有意识还很遥远，还完全不能看、听或感觉，不过它的身体部件已经能够以与人类极为相似的方式移动。

它的眼睛是微型摄像机，能够跳视（saccade）聚焦任何进入房间的人，并追踪此人的移动。即使是知情者，被科戈这样追踪也会感觉别扭。对不知情的人来说，盯着科戈的眼睛，看到它无意识地回视，可能会是一种“令人心动”的体验。但是，科戈的身体里根本没有有意识的实体，不管怎样，至少目前还没有。科戈的胳膊和现实中或电影里的标准机器人都不同，移动起来既迅速又灵活，就像你的手臂一样。要是你按压科戈伸出的手臂，它会不可思议地像人一样反抗。你可能想像恐怖片里的人物那样惊呼：“它是活的！它是活的！”它当然不是活的，可是我们站在事实对立面的直觉太强大了。

说到胳膊，我们来设想另一种牵涉道德的场景：在一场可怕的事故中，一个人的胳膊被截掉了，但是外科医生们认为可以将它重新接上。放在手术台上的胳膊，仍然是柔软而温暖的。它能感到疼痛吗？如果能，我们应该也给它注射麻醉剂，尤其是进行断臂再植手术之前，我们想用手术刀切除断臂组织的时候。你可能会说，给断臂注射麻药真是愚蠢的建议，只有有心智者才能感到痛苦。只要那条胳膊没有被连接到一个有心智者的身体之上，无论对它做什么，都不会让任何拥有心智的实体感到痛苦。

但是，也许那条胳膊有自己的心智，也许它一直拥有心智，只是无法告诉我们！是呀，为什么不可能呢？手臂里的确有相当多的神经细胞，而且还在大量产生。如果我们发现某个完整的有机体有许多活跃的神经细胞，往往会倾向于假定，即便它不能用我们能理解的方式来表达自己的感受，它也能够感觉到疼痛。现在，我们得到了两种相互矛盾的直觉：一种是胳膊有心智，只是无法告诉我们；另一种是胳膊并没有心智，尽管它里面存在能使我们相信其他非人类动物也拥有心智的大量活动和物质。

那么，行为能作为判断的依据吗？要是你使劲捏这条断臂的大拇指，它也会回掐你，你会给它用麻醉剂吗？要是不会，理由是什么？是因为它的反应只能是一种“自动”反射吗？你怎么这么肯定呢？这些神经细胞组织中是否有什么东西决定了这种差异？

这些伤脑筋的例子思考起来是很有趣的。当我们想要弄清楚直觉为什么接二连三起作用的时候，就会认识到一些重要的事实：我们对心智概念的设定有些天真可笑。不过，一定有更好的方法去探究形形色色的心智和那些也许会愚弄我们的“非心智”。不到万不得已，不要轻易接受“我们永远也不会知道”这种失败主义论调。在我们确实想尽了各种办法，而不是想当然之后，只能把它当作拼尽全力后的最终结论。等待我们的也许是重重惊喜和希望之光。

有一种可能性必须考虑，无论我们最终是否会将其排除，那就是也许语言根本不是心智的外设。也许依托语言的那种心智与没有语言也行的那种心智是完全不同的，因此，将它们都称为心智就是一种错误。换句话说，我们觉得其他生物的心智内容丰富，虽然我们无法了解这种丰富性但它们肯定能，这种感觉也许只是错觉。哲学家路德维希·维特根斯坦（Ludwig Wittgenstein）有句名言：“如果狮子能说话，我们也无法理解它。”毫无疑问，有这种可能性。但这句话使我们的注意力偏离了另外一种可能性：如果狮子能说话，借助于翻译不同语言通常需要的种种努力，我们能很好地明白它的意思，可是我们与它的对话不能告诉我们任何有关普通狮子心智的情况。因为它那配备了语言的心智会截然不同。也许为狮子的“心智”附加语言的做法恰好使它第一次拥有了心智，也可能没有。无论哪种情况，我们都必须研究这种可能性，而不只是根据惯例假定那些不会说话的动物的心智真的和人类的心智很相像。

如果想要找出其他可能的调查方向，而不是不假思索地依靠前理论（pretheoretical）直觉，那么我们应该从何处入手呢？先来看看历史上的进化路径吧。心智并不是一直都存在的。人类有心智，但是人类并非一直存在。我们是从心智（如果是心智的话）更简单的生物进化而来，而它们又是从具有更加简单的候选心智的生物进化而来。而四五十亿年前根本就没有心智，无论简单还是复杂，至少在这颗行星上没有。之后，心智以什么样的次序发生了何种创新？促成创新的原因又是什么？即使这个过程中的那些时间和地点细节只能靠猜测了，但主要节点还是清晰的。

等讲完这个故事，我们的这些困惑就有处安放了。也许我们需要把真正的心智与各种伪心智（pseudominds）、原始心智（protominds）、半心智（semiminds）、1/8 心智（hemi-semi-demi-minds）区分开来。不管我们决定如何称呼心智的这些原始形态，也许都应该先确定它们所属的等级，以及最初确定这个等级的条件和原则。下一章会介绍一些研究工具，从而解决这个问题。

KINDS OF MINDS

02

探究心智的方法：意向性

探究心智的方法有哪些？

心智如何从细胞的构造物中产生？

什么是意向立场？

我发现某个东西，并且为之寻找一个原因：这原本就意味着，我在其中寻找一个意图，而且首先是寻找带有意图的某个人，即某个主体，某个行动者。从前，人们在所有发生的事件中都见出了意图，所有发生事件都是行动。这乃是我们最古老的习惯。动物也有意图吗？

——尼采《权力意志》（*The Will to Power*）①

心智产生的基础：意向系统②

没有一粒沙子有心智，它们太简单。碳原子和水分子更简单，它们也没有心智。我想你对此不会有什么异议。可如果是

① 这段文字选自尼采：《权力意志》，孙周兴译，商务印书馆，2007。——编者注

② 部分内容摘自作者所著《达尔文的危险观念》（*Darwin's Dangerous Idea*）一书，有改动。

更大的分子呢？病毒是一个大分子，由 10 万乃至上百万个单元组成，具体组成单元的数量取决于使用的计数单元的大小。这些原子级的单元显然在以无心智的方式相互作用，并产出了某些相当惊人的结果。从我们的研究角度来看，其中最主要的结果就是自我复制。有些大分子拥有一种惊人的能力：如果让它们漂浮在营养丰富的适宜培养液中，它们就能无意识地建构，产出与自己极其相似，甚至完全相同的复制体。

DNA 及其祖先 RNA 都是这样的大分子。它们是这颗行星上一切生命的基础，因此也是所有心智，至少是地球上所有心智的前身。简单单细胞有机体在地球上出现之前大约 100 万年的时间里，自我复制大分子不停地变异、生长，甚至自我修复，做得越来越好，与此同时还在不停地复制。

自我复制是项惊人的能力，远超任何现有的机器人。那么，这是否意味着这些大分子也拥有像我们一样的心智呢？当然不是。

它们甚至算不上是活的。从化学结构来看，它们只是巨大的水晶体。这些巨大的分子是采用了大分子纳米技术的微小机器。它们实际上是天然的机器人。自我复制机器人存在的可能性，已经由计算机发明者之一约翰·冯·诺伊曼（John von Neumann）给出了数学证明。他成功地设计出了一种无生命的自我复制体，预见了 RNA 和 DNA 设计和结构的种种细节。

在分子生物学显微镜下，当第一批已经复杂到可以执行行动，而不只是待在那里自我复制时，我们目睹了能动体（agent）的诞生。它们的能动性并不像我们的能动性一样羽翼丰满。它们并不知道自己在做什么，而我们对自己的所作所为通常一清二楚。无论处于最佳状态还是最糟状态，人类都能在有意识地思考过做与不做的理由之后，完成意向行为。大分子能动体则不同，它们的行为也是有原因的，但是大分子本身对这些原因一无所知。然而，它们那类能动性是人类能动性的种子得以萌发的唯一可能土壤。

从这个角度来说，我们发现的伪能动体有点怪异，让人多少有些反感。它们表面上目标明确，忙个不停，内里却“空无一物”。这些分子机器执行着令人惊异的行动，明显有极其复杂的设计，却又对自己的行为一无所知。请看下面这段有关 RNA 噬菌体（一种能自我复制的病毒，也是最初能自我复制的大分子的后裔）行为的描述：

> 首先，病毒需要一种物质来储存和保护自己的遗传信息。其次，它需要某种途径将自己的遗传信息注入宿主细胞。再次，它需要一种机制，能够在宿主细胞RNA超量存在的情况下，专门复制自己的信息。最后，它一定要为自身信息的大量增殖做好准备，也就是通常会导致宿主细胞解体的过程……这个病毒甚至找到了对应的细胞来完成自我复制。这种细胞唯一的贡献就是提供一种专门适用于这种病毒RNA复制的蛋白质。
>
> 这种蛋白质只有在病毒RNA出示了“密码”之后才能被激活。当它看见这个密码，就会高效复制病毒RNA，并忽略宿主细胞的大量RNA分子。于是，细胞里面很快就会充斥病毒RNA，进而挤进同样大量合成的病毒蛋白质衣壳。最终，细胞破裂，释放出大量的子代病毒颗粒。整个过程不过是一个自动运行的程序，其中所有的细节都是不断重复的。

这段文字的作者是分子生物学家曼弗雷德·艾根（Manfred Eigen）。他选择了很多表达能动性的词语：为了复制，病毒必须为自身信息的大量增殖“做好准备”；为此，它还找到了一种能“看见”自己的密码并且忽视宿主RNA的蛋白质。这当然是种破格修饰（poetic license）。为了描述这个场景，这些词语的意义都有所扩展，但这是一种多么令人难以抗拒的扩展啊！这些表达能动性的词帮助人们注意到了自我复制过程中最醒目的那些特征：这些大分子是系统化的。它们的控制系统不仅能让它们高效地做事，而且可以敏感地应对变异，把握时机。它们可以被“愚弄”，但是愚弄它们的只能是它们的祖先不曾遇到的新情况。

这些没有人格、不动脑筋，像机器人一样没有心智的小小分子机械是世界上所有能动性、意义以及由此产生的意识的根本。这种确定、无争议的科学事实会像心智这种充满争议而又神秘的事物一样，引发各种各样的争论，实属罕见。所以，让我们先停下看看它的潜在影响。

我们是这些自我复制机器的直系后裔。对此，不会再有什么意义重大、有根有据的怀疑。我们是哺乳动物，所有哺乳动物的祖先是爬行动物，爬行动物的祖先是鱼；鱼的祖先是与蠕虫颇为相似的海洋生物，海洋生物的祖先是生活在数亿年之前的简单多细胞生物；多细胞生物的祖先是单细胞生物，而单细胞生物起源于大约 30 亿年前的自我复制大分子。世界上只有一个进化谱系图。你能在上面找到所有曾经在这个星球上生活过的生物，不仅有动物，还有植物、藻类和细菌。你与每只大猩猩、每条蠕虫、每片草叶、每棵红杉有一个共同的祖先。

我们的始祖，也包括大分子。

讲得生动点儿，你的曾曾……曾祖母就是一部机器！你不仅源于这些大分子机器，而且从分子级向上的每一级分析显示，你的血红蛋白、抗体、神经元、前庭眼动反射机制、你的身体（当然也包括你的大脑）都是由精妙绝伦、设计精巧、默默工作的机器组成的。

从科学的角度看见病毒和细菌毫无想法地为它们“鸠占鹊巢”的活动忙忙碌碌，看到可恶的小自动机做着邪恶的事，也许我们并不会被吓得发抖。但也不要认为它们与那些构成我们身体的同源组织完全不同，是外来入侵者，这种自我安慰并不可取。那些入侵人体的自动机和构成人体的自动机是相同的，没有什么特殊的人性光环能将你的抗体与同其对抗的抗原区分开来。你的抗体只是属于构成你的那一帮，所以才会为了你而战斗。构成你的大脑的数十亿个神经元细胞，与那些能引起感染的细菌、那些在啤酒发酵罐和体积膨胀的面团里不断繁殖的酵母菌是同样的生物实体。

细胞是能够执行有限任务的小能动体，和病毒一样没有心智。要是这些不言不语的小家伙数量足够多，聚在一起是不是就能构成一个活生生的、有意识、有心智的人呢？在现代科学背景下，除了两性生殖，我们还没有找到能造出人的其他方法。现在也不能根据我们是机器的后代这一事实就推断我们本身就是机器。毕竟，我们也是鱼的直系后代，而我们并不是鱼；我们是细菌的直系后代，而我们也不是细菌。

但是，除非我们体内有某种不为我们所知的组成要素（就像二元论者和活力论者过去认为的那样），否则就只能说我们是由机器构成的，或者说，每个人都是由数以兆计的大分子机器构成的。所有这些归根结底都源自最初的那些自我复制大分子。因此，机器构成的东西能够展现真正的意识，如果非要举个例子的话，你就是例证，因为你就有真正的意识。

我知道对某些人来说，这种说法听起来令人震惊而又难以接受，这恐怕是因为他们还没注意到其他可能性多么令人绝望。二元论认为心智由某种无实体的神秘莫测的物质构成，活力论认为生物体客观存在某种名为生命力（élan vital）的特殊物质，但这种物质同样神秘莫测。两者都已经同炼金术和占星术一起，被扫进了历史的垃圾堆。除非你也想宣称地球是平的，太阳是一辆由飞马拉着的烈焰战车。换句话说，除非你与现代科学势同水火，否则你根本找不到立足之地来捍卫这些过时的想法。所以，让我们来看看谨慎的科学如何讲述这个故事。也许，那些认为我们的心智由更低等的心智进化而来的想法还不是那么糟糕。

我们的大分子祖先（这并不是在打比方，它们真是我们的祖先）某些方面与能动体相似。援引艾根的那段话里已经描述得很清楚了。然而，不可否认在其他方面，它们又很被动，随机地四处漂浮，被推过来推过去。你也许会说，它们那是蓄势待发，可它们的等待并没有满怀希望、坚决果断、专心致志。它们也许嘴巴张得很大，却像捕兽夹一样毫无想法。

那么什么发生了改变呢？没有突然的变化。我们的祖先在拥有心智以前，就拥有了身体。它们先成了单细胞生物，或者叫原核生物，最后原核生物吸收了某些入侵者或者说寄宿者，因此成为复杂细胞，即真核细胞。此时，大约是单细胞生物出现 10 亿年之后，我们的祖先已经成为极其复杂的机器（由机器构成的机器），但是它们仍然没有心智。它们依然十分被动，运动轨迹毫无方向可言，可是它们已经装备了专门化的子系统，用于从环境中获取能量和物质，并在必要的时候保护和修复自己。

这个由所有相互协调的单元构成的精密组织还不太像心智。亚里士多德为它（或它的后代）进行了命名，称之为“营养的灵魂”（nutritive soul）。营养的灵魂并不是一种东西。例如，它不是漂浮在细胞质里的微观子系统。它是一种组织原则。正如亚里士多德所说，它是形式，而非物质。所有生命体都有身体，不论是动植物还是单细胞生物。而它们的身体需要一个能自动调整和自我保护的组织，对应的功能可以在不同的条件下被分别激活。这些组织是自然选择所做的精妙设计，它们本质上是由许多微小的被动开关组成的。生物体四处游荡时遇到的相同被动条件决定了这些开关是打开还是闭合。

像所有其他动物一样，你自己也有一个营养的灵魂，也就是一种能自动调整、自我保护的组织。它与你的神经系统截然不同，更加古老：由新陈代谢系统、免疫系统和你身体里其他各种异常复杂的自我修复和健康维护系统构成。

这些早期系统所使用的沟通渠道并不是神经，而是血管。早在电话和无线电出现之前，就有了邮政系统。邮政系统可以将装有重要信息的实体包裹运送到世界各地，虽然稳妥但速度较慢。远在生物体进化出神经系统之前，身体依靠技术含量很低的“邮政系统”，也就是体液的循环，可靠却相当缓慢地将装有重要信息的“包裹”传送到需要用它们进行控制和自我调节的地方。我们在动物和植物身上都能看到这种原始的“邮政系统”。在动物体内，血液流动负责运输营养物质和废物，但是在很早以前，它就已经成了一条信息高速公路。

在植物体内，液体的流动同样是一种比较原始的媒介，把从植物的某个部分传递过来的信号传送到另一部分。但是，在动物身上，我们能看到一个主要的设计革新：进化出了自主神经系统的祖先——简单神经系统。简单神经系统能够更快捷高效地传递信息，但基本上仍然专门处理内部事务。自主神经系统根本不是心智，它更像一种控制系统，更接近植物的营养的灵魂，用以维持生命系统的完整。

我们认为这些古老的系统与人类的心智截然不同。但说来奇怪，我们越深入探究它们运转的细节，就越发觉得它们与心智相似！那些小开关就像原始的感觉器官，开关打开和闭合所产生的效果就好像是有意为之。怎么会这样呢？由信息控制的目标导向系统制造了这些效果。这些细胞和细胞集群就好像是心智简单的微小能动体，是专职的仆役，它们通过感知能支配其行为的环境，非常理性地推进各自使命的达成。世界上充满了这样的实体，小到分子大到陆地皆在比例。其中不仅包括天然的物体，如植物、动物及其组成部分（以及组成部分的组成部分），还包括许多人造物，比如，恒温器就是比较常见的简单伪能动体。

我将所有这些实体，无论简单还是复杂，统称为“意向系统”（intentional systems），而将使其施动者（agenthood，无论是否存在）得以显现的角度，统称为“意向立场”（intentional stance）。

揭开心智之谜的关键：意向立场

意向立场是一种解释实体行为的策略，即把一个实体（人、动物、人造物，凡此种种）看作一个理性能动体。理性能动体通过“考虑”自己的“信念”与“愿望”来对“行为”加以“选择”。这些加引号的词的意义已经超越了“常识心理学”（folk psychology）[①] 常用的本义。意向立场就是我们彼此之间惯用的态度和角度。对某物采用意向立场就像在有意将其人格化。这怎么会是个好主意呢？

---

① 常识心理学就是用来讨论人类同胞精神活动的日常心理学话语。

下面我将向你证明，如果使用得当，采用意向立场不仅是个好主意，而且是揭开心智（形形色色的心智）神秘性的关键。这是一种利用相似性发现差异性的方法，用来揭示我们祖先的心智和我们的心智之间、我们的心智与其他地球同伴的心智之间通过不断积累形成的大量差异。我们一定要小心地使用意向立场，这就好比走钢丝，钢丝的一边是空洞的比喻，另外一边是字面意义导致的错误解读。意向立场使用不当会严重误导不审慎的研究者，但如果理解得当，就能为若干不同领域提供一种可靠且富有成效的思考方法，展示种种现象背后的统一性，将我们的注意力引导到那些需要开展的重要实验上。

意向立场的基本策略就是将涉及的实体视为能动体，以便预测进而在某种意义上解释它的行为或动作。如果将意向立场与两种更为基本的立场或预测策略——物理立场（physical stance）和设计立场（design stance）进行对比，就能够清楚地看出它的特点。

物理立场是自然科学研究使用的耗时费力的标准方法。具体做法是，我们用现有的物理定律和研究对象的物理构成进行预测。我预测我松开握着石头的手之后，石头会掉在地上，这采用的就是物理立场。我并没有把信念和愿望赋予石头，而是考虑石头的质量或重量，并依照重力法则做出预测。尽管小到亚原子大到宇宙，物理立场都适用，但对于那些没有生命也非人造的物品，物理立场是唯一可采用的策略。为什么水沸腾时会冒泡，山脉如何形成，太阳的能量从何而来，对这些问题的解释采用的都是物理立场。任何物体，无论是不是人造物，有无生命，都遵守物理定律。因此，我们可以从物理立场对该物体的活动进行解释和预测。如果我手里拿着一个闹钟或一条金鱼，我把手松开，就可以根据同样的原理对它们的下落轨迹做出同样的预测。即便一架模型飞机和一只鸟在松手之后也许会有不同的运动轨迹，但运动本身也严格遵循物理定律。

闹钟是一种人类设计的物品，不像岩石，但也依从一种更为复杂的预测方式，那就是从设计立场进行预测。设计立场是一种我们一直在用的更棒、更简单的预测视角。假设有人给我一个新的电子闹钟，它的品牌和型号我都没见过。但是只要简单查看它的外部按钮和显示板，我就能确信如果我如此这般按几个按钮，那么几小时之后，这个闹钟就会发出一阵响声。

我不知道响声具体是什么样的，但它足以唤醒我。我根本不需要知道这种神奇的规律性所涉及的具体物理定律，也不需要把这个东西拆开，测量每个零件的重量和电压。我只需要假定它采用了一种特别的设计，而且它能像设计好的那样正常工作。我已经准备好为这个预测冒一定的风险，也许算不上性命攸关，但是事关我能否及时醒来，赶上那场已经安排好的讲座或是一趟火车。

从设计立场进行的预测比基于物理立场得出的预测要冒更大的风险，因为我还得考虑其他一些假定条件：有个东西的设计与我设想的一致，还会按照设计正常工作，也就是说它不会出故障。虽说设计出来的东西偶尔会有错误，有时还会坏掉，但是预测所带来的巨大便利，完全超出了万一出现问题我需要付出的代价。只要可行，从设计立场进行预测就是低成本、低风险的捷径，让我可以巧妙地反复应用有限的物理知识。

实际上，我们天天都在冒着生命危险进行设计立场预测：我们毫不犹豫地插上电源，打开电器，完全没有想过如果接线有误自己就会被电死；我们主动搭乘公共汽车，明知道车速很快会有致命的危险；我们虽然从没坐过某些地方的电梯，也能镇定自若地按下按钮。

设计立场预测不仅适用于设计良好的人造物，而且对大自然的作品——生命体及其组成部分也同样适用。在植物生长和繁殖所涉及的物理和化学知识为人类所知的很久以前，毫不夸张地说，我们的祖先就曾赌上性命，依赖设计立场的可靠性来预测撒下种子会发生什么。要是我在地里整整齐齐地撒下一些种子，再加上些许照料，那么几个月后，就会收获更多可以果腹的食物。

我们刚才已经看到，与过程单调、结果可靠的物理立场预测相比，设计立场预测是有风险的。还有一种更冒险、更便捷的立场，那就是意向立场。你完全可以把它看作设计立场的子类。在设计立场中，被设计物就是个能动体。假设把这个立场用在闹钟上，就意味着我要将闹钟视为我的仆人，我通过让它理解在某个具体时间执行叫醒这件事，命令它叫醒我。这样一来，我就能指望它的内在能力感知时间一到，它就尽职地执行它所承诺的事。只要它认识到振铃时间已到，就会“获得动力”并根据我先前的指令行事。毫无疑问，对于闹钟这么简单的机械装置，我们没必要为了理解它为何如此行事而采用上述想象力丰富的拟人手法。但是请注意，我们在向孩子解释闹钟的使用方法时，可能就会采用这样方法：你要告诉它你想让它几点叫你起床，时间一到，它就会发出很响的振铃声。

对于比闹钟复杂得多的人造物，采取意向立场更有帮助，而且也必须这么做。我最喜欢的例子是下国际象棋的计算机。能使计算机（无论是笔记本电脑，还是超级计算机）变成国际象棋棋手的计算机程序有上百种。尽管在物理层面和设计层面都存在差异，但它们都采用了同样的简单解释策略：把计算机看作理性的能动体，它们想要取得胜利，就要了解国际象棋的规则和原则，知道如何摆放棋子。因此，比起采用物理立场和设计立场，采用意向立场可以极其容易地预测和解释对手的行为。无论在对弈的哪个时刻，你都能看一看棋盘，把计算机下一步所有合规的棋步都列出来，通常会有几十种走法。

为什么要限定是合法棋步呢？因为你推断计算机想要赢得比赛，而且它知道一定要走合规的棋步才能赢，所以它只能理智地选择这么做。好了，再把这些合规的棋步从最佳（最聪明、最合理）到最差（最愚蠢、最拙劣）排列起来，做出你的预测：计算机会选择最好的走法。你很可能不知道哪步棋最好（计算机“审时度势”的能力比你强得多），但你差不多总能排除其中的四五种，因此你仍然具有强大的预测能力。

有时候，计算机发现自己“四面楚歌”，只有一步非自杀棋可走，否则就是死路一条，那么你就可以把握十足地做出预测。这不是物理定律决定的，也不是由计算机里的具体设计决定的。它有非走这步棋不可的理由，所以它只能这么走。任何棋手，无论它是什么物质材料做的，都会走出这步棋。哪怕是幽灵或天使也都会走这步棋！你之所以做出这个意向立场预测就是因为你大胆地假设，无论计算机程序是如何设计的，它的设计一定够好，可以根据这个充分理由走出这步棋。你预测计算机的行为时，就把它当成了一个理性的能动体。

在上述例子中，意向立场无疑是个非常有用的捷径。但是我们能当真吗？计算机真的在乎输赢吗？为什么说闹钟想要服从它的主人？我们可以用自然目标和人为目标的差异，加深对以下事实的理解：所有真实目标根本上都源自一个具有自我保护意识的生物所处的困境。但是，我们也必须承认，无论所赋予的目标是不是真实自然的，能否被所谓的能动体“真正理解”，意向立场都能在恰当的时刻发挥作用。

要理解如何能从一开始就确定什么是真正的“有目标追求”，接受上述观点至关重要。大分子真的想要复制自己吗？无论我们如何回答这个问题，意向立场都能给出解释。比如真涡虫和变形虫等简单的生命体，不是漫无目的地在培养皿底部四处活动，而总是趋向营养丰富的一端，或者远离有毒的一端。它们是在趋利避害，趋避的是它们自己的利害，而不是人造物使用者的利害。追求自己的利之所在是所有理性能动体的基本特征。可是，这些简单的生命体是在追求吗？还是说只是看起来如此？我们不必回答这个问题。无论是哪种情况，有机体都是可以预测的意向系统。

这其实是用另一种方式证明了《美诺篇》（*Meno*）中苏格拉底的论点。他问是否有人会想故意为非作歹。由于误解、误传或者纯粹的精神错乱，我们那些意向系统有时候的确会想做坏事，但是向往那些被视为美好的事物也是理性不可分割的一部分。好和向好的这种“本构关系”（constitutive relationship）正是我们祖先经历的自然选择所认可、所赋予的：那些由于基因设计而趋害的倒霉蛋最终不会留下后代。自然选择的产物寻求（或看上去如此）它们认为（或看上去如此）好的东西，绝非偶然。

要想做到向好，即使最简单的有机体也需要具备感觉器官和辨别能力，也就是让某些简单开关在遇到有利情况时打开，遇到有害情况时关闭。而且，这些开关或者说传感器必须与正确的身体反应联动。这个要求意味着要以功能的出现作为前提。岩石不会功能失灵，因为它并不具备或缺乏向好的能力。当我们决定从意向立场解释某一实体时，就好像将自己摆在了它的保护者的位置，相当于我们在自问："要是我处在这个有机体所处的困境，我会做什么？"而且这也暴露出意向立场的拟人观：我们会把所有意向系统都看作如同我们一样。当然，它们与我们并不相像。

那么，这是误用了我们自己的视角，我们有心智者所共有的视角吗？不一定。纵观进化史，事实就是如此：数十亿年以来，有机体为了趋向更加复杂、更加清晰明了的利好，它们不断进化，逐渐成为功能更加丰富多样的机器。最终，随着人类语言的发展和语言赋予人类的反思意识（这个话题将在后面几章讨论）的发展，我们具备了对本书最开头提到的那些其他实体的心智的种种奇妙之处，感到惊奇的能力。这些奇妙之处经过我们祖先天真头脑的加工，就变成了泛灵论（animism）。这种说法认为，每一种能活动的事物都有心智或灵魂（anima，拉丁语，意为"心智"）。我们不仅开始追问老虎是否想吃掉我们——它很可能是这么想的，而且还会问为什么河流想要奔向大海，那些应我们的乞求降下甘霖的云朵想要什么作为回报。

随着我们进化得愈加复杂，我们逐渐缩小意向立场的范围，不再考虑无生命界中的事物，而只将意向立场应用于与我们更相像的生物：主要是动物，以及多种条件下的植物。当然，我们不是一下子就变得精细复杂的，相比漫长的进化史，我们只是在不久之前才变成现在这样的。我们还“捉弄”花儿，通过创造像春天一样的温度和光照条件，“欺骗”它们提前绽放；通过不给迫切需要水分的蔬菜浇水来“鼓励”它们向下扎根。有一位伐木工曾经向我解释为什么在我所处的林区高地找不到白松，因为“白松喜欢湿着脚”。这种看待植物的方式不仅自然无害，而且有助于我们了解植物，也是做出新发现的重要切入点。当生物学家发现一株植物具有了某种初级分化的器官时，他们就会立刻问自己：这个器官有什么用处？这种植物有什么不可告人的目的，需要从周围环境里获得这方面的信息？问题的答案往往就是一个重要的科学发现。

意向系统是指其行为可以从意向立场进行预测和解释的全部实体。自我复制的大分子、恒温器、变形虫、植物、老鼠、蝙蝠、人以及下国际象棋的计算机都是意向系统。其中一些意向系统比另一些要有趣得多。由于意向立场的关键在于，为了预测某个实体的行为而将其看作能动体，因此我们就得假设这个实体是个聪明的能动体。因为一个愚蠢的能动体或许什么蠢事都干得出来。假设能动体（根据它们有限的判断力）只行聪明之举的这种大胆的思维跳跃，赋予了我们做出预测的手段。

由于能动体能够感知境况以及自身的目标或需求，因此我们会赋予它某些特定的信念和欲望，并以此来描述它有限的判断力。因为在这个过程中，我们的预测手段十分依赖这种特性。而我们这些理论家表达信仰或欲望的特定方式，或相关意向系统呈现这些信仰和欲望的特定方式，都与这种特性密切相关，所以我就把这样的系统称为意向系统。它们表现出哲学家所谓的意向性（intentionality）。

在这种特殊的哲学意义中，意向性是个存在争议的概念，还常被非哲学家误解或误用，所以我必须得停下来介绍一下它的定义。糟糕的是，在进行跨学科交流时，哲学术语“意向性”通常会遇到两个假朋友。这两个词都是正面的，并且与“意向性”极易混淆而又密切相关。一个是普通词“有意”（intentional），另一个是专业术语“关涉性”（aboutness），稍后我会简单介绍。

日常生活中，我们经常说某人的行为是有意的还是无意的。司机驾车撞上桥墩，是有意自杀，还是因为打瞌睡？你管警察叫爸爸，是有意而为，还是口误？这里，我们是在问这两种行为的意向性吗？从一般意义上讲，是；从哲学意义上说，不是。

从哲学意义上说，意向性就是关涉性。如果某一事物的能力在某方面与另一事物有关，那么前者就具有意向性。换一种说法就是，如果某物呈现意向性，那么它就包含另一物的表征。可是，我发现这么说非但解释不清，反而造成了更多的问题。一把锁头包含打开它的那把钥匙的表征吗？锁头和钥匙呈现了意向性的最初级形式。脑细胞中的阿片受体也是如此。这些受体用来接受大自然数百万年来一直提供给大脑的内啡肽分子。这两种机制都能够被冒充者触发。吗啡分子是人造的万能钥匙，最近被用来打开阿片受体的大门。事实上，正是这些高度特异化受体的发现，启发了后续研究，进而促成了大脑自己的止痛剂内啡肽的发现。

研究者推断，大脑中一定已经存在某种物质，这种物质从一开始就与这些特异化的受体相关。这种锁钥型的初级关涉性是基本设计元素。大自然利用它造出了那些更精巧、更有资格被称为表征系统的子系统。所以，我们就得从锁钥系统的关涉性或准关涉性角度分析这些表征的关涉性，不过锁钥系统的关涉性或许只是看起来如此。我们可以牵强地说，恒温器中双金属弹簧的现有形状是对当前室温的一种表征，恒温器可调节杠杆的位置是理想室温的表征。虽然我们完全可以否认它们是严格意义上的表征，但是它们的确体现了与室温相关的信息。而且，由于这种体现性，它们也帮助提升了恒温器这个简单意向系统的能力。

为什么哲学家要把关涉性称为意向性呢？这要追溯到中世纪哲学家创造这个词的时候。哲学家们注意到了这种现象与用箭瞄准某物的动作之间的相似性。你或许会说，意向性就像弓箭一样瞄准了它所关涉、提及或者暗指的任何东西。但是当然，许多呈现了最低意向性的现象并没有一般意义上的任何有意行为。例如，感知状态、情感状态和记忆状态都展示出关涉性，而并不一定是通常意义上的有意。它们可能只是完全不自觉地或者自动地对某些事物做出反应。能够辨识出赫然出现在眼前的一匹马，不涉及有意，但是你的识别状态展示出极其独特的关涉性，因为你将它认作了一匹马。如果你将它误认为一匹麋鹿或者一个骑着摩托车的人，你的感知状态或许就有了不同的关涉性。它的箭头瞄准的可能是完全不同的东西，这种东西实际上并不存在，却又相当明确，不管是那匹不存在的麋鹿，还是幻想出来的摩托车手。

误认为出现在你面前的是麋鹿和骑着摩托车的人，这两者之间有着巨大的心理差异，而且这种差异的结果可以预测。中世纪的理论家注意到意向性的箭头或许什么也没有瞄准，但是毫无疑问，它又以某种特定的方式在瞄准。他们将你想到的那个对象，无论真实与否，称作意向对象。

要想思考，你就一定要借助众多可行方法中的一种。无论意向系统“思考”的内容是什么，它都得依赖思考遵循的那些具体方法：感知、寻找、辨别、恐惧、回忆等。正是这种依赖性为实践中和理论上的种种迷惑手段创造了条件。从实践上来讲，迷惑某个特定意向系统的最佳办法就是利用它的感知方式或者思考方式中存在的缺陷。就这一点，大自然已经探索出了无数种形式，因为迷惑其他意向系统是绝大多数意向系统毕生的主要目标。毕竟，任何活的意向系统的第一个基本愿望就是，获得供给生长、自我修复和繁殖所需的食物。所以，每个生物都需要将食物或食物原料同其他一切事物区分开来。

生物的第二个基本愿望就是避免成为其他意向系统的食物。所以，伪装、拟态、隐身，以及许多其他策略都考验着自然界的锁匠们，进化出更有效的区分和追踪方式。但是，没有什么方式是万无一失的。每种理解都有可能造成误解。所以，作为理论家，区分意向系统中可能存在的各种理解和误解非常重要。为了弄明白系统对环境的确切看法，我们需要准确地描述它如何依赖自己那些特定能力来做区分，也就是弄清楚它

“思考”事情的方式。

然而，很遗憾，作为理论家，我们往往做得过了头。由于能够使用语言，我们区分自己的各种想法的能力几乎是无限的，便把它当成所有真正的意向性和名副其实的关涉性的特征。例如，一只青蛙伸出舌头逮住从它面前一飞而过的东西。它也许犯了个错误。它吞下的也许是某个淘气的孩子扔出的滚珠轴承，或者是个渔夫系在鱼线上的诱饵，抑或其他不能吃的怪东西。青蛙犯了错，但它犯的到底是哪个或哪些错误呢？青蛙认为它正在抓什么呢？一只苍蝇？空中的食物？一个运动中的黑色凸面体？我们这些语言使用者能够对青蛙可能的想法进行无限细致的区分。

这里面其实暗含了一个未经检验的假设：在能够赋予青蛙任何真实的意向性之前，我们得先缩小青蛙不同状态和不同行为的内容的范围，而且确切程度原则上与我们考察人类的种种思想及命题内容（propositional content）时能达到的确切程度完全相同。

这是造成理论混淆的一个主要根源，而更糟糕的是，有个挺好用的逻辑学专业术语，恰好指的是语言这种无限细致区分的能力。这个术语就是内涵性（intensionality，不是intentionality）。内涵性是语言的一个特征，不能直接应用于任何其他种类的表征系统，如图片、地图、图形、“搜索图像”、心智。根据逻辑学家制定的标准用法，词语或语言符号可以分为：①逻辑词（也叫功能词），如“假如”“和”“或”“不”“全部”“一些”等；②词项（term）或谓词（predicate），可以随讨论话题的变化而变化，如“红的”“高的”“祖父”“氧气”“二流的十四行诗诗人”等。

语言的每个有意义的词项或谓词都有外延和内涵。外延是指词项或谓词所指代的一个或一类事物。内涵是指被指代的事物或类别被选择或被决定时所遵循的特定方式。“切尔西·克林顿的爸爸”和“1995年的美国总统”所指相同，都是比尔·克林顿，因此具有相同的外延。但是，这两种说法以不同的方式指代相同的实体，因此具有不同的内涵。“等边三角形”与“等角三角形”所指代的类别完全相同，所以它们有相同的外延，但是很明显它们要表达的意思并不相同：前者指的是三角形的边相等，后者指的则是三角形的角相等。所以，与外延相对，内涵（intension）的含义是意义（meaning）。你可能会问，可这不也是意向性的含义吗？

逻辑学家指出，由于各种各样的目的，我们会忽略不同词项的内涵差异，而只关注外延。毕竟，玫瑰即使叫其他名字，闻起来还是同样芬芳。因此，如果我们讨论的是玫瑰，那么讨论玫瑰这一类别的方式多种多样，但从逻辑的角度来看，它们是等价的。既然水就是 H_2O，那么用“水”这个词项来指代任何真正可称为水的事物，用 H_2O 来代替的话，也会同样真实准确，哪怕这两个词项的意义，或者说内涵，有细微的差别。

这种自由替换在数学这类主题领域尤其明显而有用。你总是可以“用等量替换等量”，比如将 4^2 和 16 换着用，因为这两个词项指的是完全相同的值。这种自由替换在语言情境里被恰当地称作指称透明性（referential transparency）。于是，你完全可以透过这些词项看到它们指代的内容。然而，要是话题不是玫瑰，而是玫瑰之思，或者是对玫瑰之思的思考，那么内涵的差异就很重要了。因此，只要话题是意向系统及其信念和欲望，理论家所使用的语言都是能明确区分内涵的。逻辑学家会说，这样的话语展示出指称晦暗性（referential opacity）；它的意思是不透明的。这些词项本身以微妙且令人迷惑的方式阻碍或干扰了话题的进展。

为了表明采用意向立场时，逻辑晦暗性有多么重要，我们来设想一个采用了意向立场的最显而易见的场景，那就是将意向立场用在人的身上。我们毫不费力就能做到这一点，并且天天如此，却很少能说清其中的奥妙。下面这个例子出自一篇哲学文章，它看起来很奇怪却比一般的例子更详细有用。

> 布鲁特斯想要杀死恺撒。他认为恺撒是个凡人，既然如此，那么捅他（用刀刺入他的心脏）就是杀死他的一种方式。布鲁特斯认为自己可以捅恺撒，因为他记得自己带了把刀，而且他看到议事大厅里恺撒正好站在自己左边。因此，布鲁特斯就动了捅他左边那个人的念头。他这样做了，杀死了恺撒。

注意，在上面这段说明中，“恺撒”这个词项在不知不觉中扮演了非常重要的双重角色。布鲁特斯不但以一种自然且显而易见的方式选中了一个名叫恺撒的人，那个站在议事广场上身穿罗马托加长袍的家伙，还以布鲁特斯自己选择的方式选中了恺撒。对于布鲁特斯来说，看见恺撒站在自己旁边还不够，他得看到那个人就是恺撒，是他想要刺杀的人。如果布鲁特斯把恺撒（站在他左边的人）误认为卡西乌斯，那么布鲁特斯就不会想杀死他。就像传记作家们说的那样，他就不会起心动念去刺杀他左边的那个人，因为他不会在心里建立这么重要的关联，把左边那个人与刺杀目标等同起来。

认识心智的误区，精确命题

只要能动体有所行动，它的行为就建立在对周围环境的某种特定理解或误解的基础之上。有意地解释和预测依靠的是获得这种理解。要预测一个意向系统的行为，你得知道能动体的信念和欲望的具体内容，你还得知道，至少是大致知道，这样的信念和欲望是如何关涉那些事情的，这样你才能够说重要联系即将或者已经建立起来。

但是请注意，我说的是当我们采用意向立场的时候，我们至少要大致知道能动体是如何选定相关目标的。没有注意到这一点是造成迷惑的一个主要原因。我们通常并不需要确切知道能动体构想其任务的方式。意向立场通常容许相当大的弹性空间，这是好事，因为想要准确表示能动体如何构想其任务的这个任务本身就是欠考虑的，就好像用显微镜读诗集一样没有意义。要是这个能动体并没有借助某种具有某些区分能力的语言，来构想周围环境，那就不能直截了当地运用分辨能力超凡的人类语言，来表示那个能动体的各种特定思想、思维方式或者敏感程度。不过，我们可以间接按照理论语境所需要的详细程度，用语言描述那些特定情况。

这一点通常会淹没在貌似具有说服力的大段论证之中，例如下面这段文字：狗会思考吗？如果会，那么它们当然就会思考些具体想法。如果想法不够具体，那它就无法存在，对不对？但是，具体想法一定由具体概念构成。你得先有盘子和牛肉的概念，才会产生如下想法：

我的盘子装满了牛肉。

而要有这些概念，你还必须得有许多其他概念（桶、盘子、牛、肉，等等），因为我们很容易将这种具体想法和下面这个想法区分开来：

桶里装满了牛肉。

以及：

我的盘子装满了小牛肝。

更不要说这种：

我一般吃饭用的物件里面的那种又红又好吃的东西并不是他们通常喂我的那种干巴巴的东西。

这样的例子不胜枚举。那么狗到底是怎么想的呢？我们又如何用人类语言确切地说出狗的想法呢？如果不能做到这一点——我们确实不能，那要么是狗根本不能思考，要么就是狗的想法的整个体系根本不能表达，因此也超出了我们的知识范围。

这两种情况都不成立。因为还有一种经常被忽略的可能性，那就是狗的思想之所以不能表达是由于人类语言过于精细。其推论也同样被忽略了：我们仍然能够详尽地描述我们无法表达的东西而不留下任何悬念。狗用自己独特的方式分辨事物。这些方式构成了非同寻常的独特概念群。如果能够弄清楚这些方式如何发挥作用，并且能够描述它们如何协作，那么我们就能像通过交谈了解人类的想法一样，了解一只狗的想法，即使我们无法用一个人类语言的句子来描述狗的想法的具体内容，那也无关紧要。

我们这些拥有心智的人类从自己那高高在上的独特视角，

用特有的技巧对其他实体应用意向立场时，就是将人类的思考方式强加于想要了解的系统之上。这样做的风险是，为我们试图理解的系统引入了过多内容上的清晰性和明确性，以及由此产生的过多组织结构。此外，这样做还会招致将人类心智特定类型的组织引入这些简单系统模型的风险。这些更简单的有心智者的候选对象并不能共享我们的所有需要、欲望、精神活动乃至于甚至精神来源。

许多有机体能感受太阳，甚至它们自身的活动也受太阳运行轨迹的影响。一朵向日葵能够用最微妙的方式追踪太阳的轨迹。太阳在天空中移动的时候，向日葵会朝着太阳不断转动，以便接收更多阳光，但是它没法应付出现在头上的一把遮阳伞。它无法预料太阳大概多久之后会重新出现，也不会相应地调整它那缓慢简单的行为。

动物为了躲避天敌也许能够做出一些复杂的行为，比如调整自己的位置，偷偷躲在阴影里，甚至能够估计出在哪里可以沐浴在阳光下舒展身体，睡一个长长的午觉，也不用想就能知道树影不久之后就会拉长。动物会追踪并重新发现其他事物，比如配偶、猎物、后代、中意的觅食地点。它们或许会以同样的方式追随太阳，但是人类并不只是追随太阳，我们会做出一个有关太阳的本体论发现，那就是每天的太阳是相同的。

德国逻辑学家戈特洛布・弗雷格（Gottlob Frege）曾举过一个例子，100 多年来，这个例子被许多逻辑学家、哲学家反复引用：晨星，古人称之为启明星；昏星，古人称之为长庚星；二者其实指的是同一个天体，也就是金星。现在这是一个人所共知的事实。但是，发现这种同一性是天文学早期取得的一项实质性进展。今天，有谁不需要查阅资料就能做出论断、收集关键证据呢？然而，即使是小孩子都能理解并且乖乖接受这个假设。很难想象任何其他生物会提出这些小光点就是同一天体的假设，更不用说去证实它了。

难道这些每天划过天空的巨大炽热圆盘，不可能每天都是不同的吗？我们是唯一能够提出这种问题的物种。再将太阳和月亮的情况套用到季节上。春天每年都会出现。但我们根本不会再问是不是同一个春天回来了。也许，春天在过去被比作一位女神时，我们的祖先会将它看作一个回归的特例，而不是循环往复的现象。但是对于其他物种，这甚至都不是一个问题。某些物种对变化非常敏感，与人类身体的感觉相比，它们在某些方面能够分辨的细节要多得多。

尽管人类能够借助显微镜、分光镜、气相色谱法、气体分析仪等延伸感官，从而在每一种感觉形态上获得比地球上的任何其他生物都更出色的辨别力。但是，其他物种的反思能力非常有限，就像我们看到的那样，它们的敏感度只局限于非常小的可能性集合中。

与此相反，人类相信一切。很明显，人类可以相信的事情是无限的。人类对相信的区分能力也是无限的。人类能够区分下面两种相信的差别：

> 每天的太阳是并且一直是同一颗恒星。
>
> 自 1900 年 1 月 1 日起，最新的太阳接替了之前的太阳以来，每一天的太阳都是同一颗恒星。

恐怕没有人会相信后者，但通过它我们很容易明白信念是什么，并且把它同标准的信念和下面这个同样愚蠢而又有所区别的信念区分开来：

> 最近的一次太阳更替发生在 1986 年 6 月 12 日。

将心智状态赋予意向系统，采用的基本形式是表达“命题态度”（propositional attitudes）的句子。

x 相信 p。

y 渴望 q。

z 想知道是不是 r。

这些句子由三部分组成，每部分对应一个词项：第一个词项指称相关的意向系统 x、y、z；第二个词项代表赋予意向系统的特定态度，相信、渴望、想知道；第三个词项是态度的意义或具体内容，也就是上面这三个虚构的例子中，由字母 p、q、r 所表示的命题。当然，在那些被赋予了一定态度的真实句子中，这些命题被用某种人类语言的句子表达出来，并且这些句子中含有不能被同延词项（coextensive terms）随意替换的词项，这就是指称晦暗性的特点。

因此，命题是我们用来识别或度量信念的理论实体。两个信念持有者要共享某个信念，顾名思义，就是他们必须要相信同一个命题。那么，什么是命题？根据公认的哲学惯例，命题是意思相同的所有句子共有的抽象含义。这样一来，我们就陷入了循环定义的怪圈。先来假设一个完全一样的命题，分别用以下三种语言表达雪是白色的：

Snow is white.（英语）

La neige est blanche.（法语）

Der Schnee ist weiss.（德语）

要是我想让说英语的汤姆相信雪是白色的，我就会希望说法语的皮埃尔和说德语的威尔海姆能够借助自己的语言让汤姆相信。汤姆没必要理解他们为什么这么做。这一事实也无关紧要。当然，汤姆也不必理解我的举动背后的原因。因为汤姆也许是一只猫，或者是一位只懂一种语言的土耳其人。

可是下面的句子表达的是完全相同的命题吗？

比尔打了山姆。

山姆被比尔打了。

在打人的动作中，比尔是施动者，山姆是受动者。

这些句子说的是同一件事，然而表达方式迥然不同。那么命题应该等同于表达方式还是表达内容呢？要解决这个问题，有一种简单且理论上有效的做法，那就是找个信念持有者问一问，看他是否相信其中的一种说法，不相信另一种说法。如果是，那么它们就是不同的命题。如果命题是能够度量信念的理论实体，那么我们就不会认为这个测试失败了。但是如果汤姆不讲英语，或者根本不会说话，那我们怎么测试呢？

我们这些赋予者，至少是在我们用语言表达自己的做法时，一定会受制于某个表达系统、某种语言以及词项和语法结构都不同的多种语言。一旦被迫采用某种语言结构，我们就会不由自主地做出更多的区分，超出了具体情形能确保其正确性的范畴。我之前提到，足以让意向立场成立的内容赋予是粗略的，其要旨就在于此。

哲学家保罗·丘奇兰德（Paul Churchland）将命题比作数字。在他看来，数字是用来衡量物理属性的同样抽象的对象。

> X 重 144 克。
>
> Y 的速度为 12 米 / 秒。

很明显，数字完全适用。我们能够运用等量代换。完全可以说，X 重 2×72 克。Y 的速度为（9+3）米 / 秒。但是，我们也看到，很难把同样的等量代换规则用于已推定为同一命题的不同表达方式。唉，可惜命题不是像数字那样中规中矩的理论实体。相比数字，命题更像货币。

这只山羊价值 50 美元。

但它价值多少希腊德拉克马或俄罗斯卢布，取决于当日的汇率。相比于古雅典时期，或者作为马可·波罗探险物资的一部分，它的价值如今是否有所不同呢？毫无疑问，对山羊的主人来说，山羊总是有一定价值的。而且我们总能通过假想或实际将山羊兑换成货币、金粉、面包等，为山羊的价值确定一个大致可用的衡量方法。

但是并没有固定不变、不偏不倚、永恒可用的衡量经济价值的体系，同样也不存在通过是不是命题来衡量意义的固定不变、不偏不倚、永恒可用的系统。那又怎么样呢？要是有这样的系统，我猜会很好。世界会更有条理；理论家的工作会更简单。但是这种标准单一、普适的测量系统对于经济学理论和意向系统的理论来讲都是不必要的。在衡量普遍适用于一切场合和时间的经济价值时，那不可消除的不精确性不会威胁真正可靠的经济学理论。同样，在衡量放之四海而皆准的意义时，那不可消除的不精确性也不会威胁真正可靠的意向系统理论。只要我们能够对这种困难保持警觉，就能使用选择的粗糙但可用的系统，圆满地解决全部局部问题。

在接下来的章节中，你会发现，当我们利用“相信一切”的能力，并且将它应用于更低等的生物时，它能非常轻松地为我们组织数据。它能够告诉我们下一个应该看什么，设置边界条件，突出显示相似性和差异性模式。但是你也看到了，要是不够小心，它也会把我们引入歧途。把一个不会思考只会机械地实现其既定的复杂目标的有机体，或其众多子系统中的某一个，当作一个基本的意向系统，这是一回事；将反思性理解力赋予它，认为它知道自己在做什么，这完全是另一回事。

我们的反思性思维是相当晚近才出现的一种进化创新。原始的自我复制大分子有充分的理由做它们所做的事情，但是对这些事情一无所知。与此相反，人类不仅知道或者自认为知道行事的理由，而且还能表达、讨论、评价、分享这些理由。我们不仅知其然而且知其所以然。在大分子和我们之间有一个相当长的故事要讲。

例如，羽翼未丰的布谷鸟在毫不知情的养父母的陌生巢穴里破壳而出。它的第一个举动就是把其他蛋推出巢外。这不是一件容易的事情。看到这只诡计多端、内心邪恶的雏鸟克服重重困难一门心思地把其他鸟蛋推出去，真是令人震惊！它为什么要这样做？因为其他的蛋里有能够分散其养父母注意力的竞争对手。除掉这些竞争对手，它就能够最大限度地享受食物和保护。当然，新生的布谷鸟对此毫不知情。它并不知道这种残酷做法的基本原理，但是，这种基本原理的确存在，并且毫无疑问是经过世世代代的进化才成为一种先天的行为。即使布谷鸟不明白这一点，我们也知道这是怎么一回事。

我将这样的基本原理称为自由漂浮（free floating），因为尽管它在整个进化历程中起着作用，造就了并且改进了这里所讨论的行为，例如为其提供所需的信息，但这种基本原理并没有在雏鸟身上或其他地方表征出来。这其中的行事原则并没有显性地编码出来，而是隐含在各种设计特征规模更大的组织中。这些基本原理是怎样被已经进化的心智捕获并表达出来的呢？这是个好问题。我们会用几章的篇幅进行说明。但是，在开始讨论这个问题之前，我必须澄清一些哲学家已经注意到的一个尚未解答的疑问，那就是我将这个问题本末倒置了。我试图用假的意向性来解释真正的意向性。此外，我似乎并没有解释原初意向性或者叫内在意向性与衍生意向性有什么重要的区别。那么，区别是什么呢？

内在意向性与衍生意向性

一些哲学家认同约翰·塞尔（John Searle）于 1980 年首次提出的观点，他们称意向性有两种：内在（或原初）意向性和衍生意向性。内在意向性是我们的思想、信仰、欲望、意向（通常意义上的意向）的关涉性。在词语、句子、书籍、地图、图片、计算机程序等人造物上表现出的明显有限且是衍生出来的关涉性，显然正是源自内在意向性。这些人造物由于人类心智的慷慨赠予而具有意向性。人为表现形式的衍生意向性寄生在创造物背后那些真正的、原初的、内在的意向性上。

这种说法值得费些笔墨。如果你闭上眼睛想一想巴黎或者你的母亲，你就是采用最原始、最直接的方式进行想象。如果你接下来写了一段对巴黎的描述或者画了一幅你母亲的素描，那么纸面上所呈现的就是有关巴黎和你母亲的代表，只是因为那正是你作为作者的意向（通常意义上的意向）。你对自己的表现形式负责。你来宣布或者决定你的这些创造物是关于什么的。你借助语言的约定俗成，把意义注入这些纸面上的原始符号。除非你之前已经声明，从此以后你只要提到或写下“巴黎”这个词，指的都是波士顿，或者你选择把米歇尔·菲佛（Michelle Pfeiffer）称作妈妈。否则，你所在的语言共同体已达成共识的标准参照，就默认是有效的。反过来，这些约定俗成由该共同体共有的意向决定。外在表现的内涵和外延意义来自创造和使用它们的人的内在精神状态和行为意义。这些精神状态和行为具有原初意向性。

人为表现形式的这种不独立的状态，是不能否认的。显而易见，那些铅笔道道本身并没有什么意义。对于含义模糊的句子，这一点尤为明显。哲学家 W. V. O. 奎因（W. V. O. Quine）给了我们一个特别好的例子。

妈妈们都好唠叨。

这是关涉什么的呢？其中的“好”是读三声，是关于唠叨的抱怨呢，还是读四声，是关于妈妈们喜欢说话的事实陈述呢？你得问写这句话的那个人。这些符号本身不可能决定答案是什么。不管所谓的内在意向性是什么，这些符号肯定没有。如果它们真的意指某样东西的话，那也是因为它们在根植于表征者头脑中的一个表征系统里所扮演的角色。

但是那些心智的状态和行为又是什么呢？赋予它们意向性的又是什么呢？有一种流行的说法是，这些精神状态和行为具有意义，是因为它们本身就足够充分，由某种语言构成。这种语言是思想的语言，即心语（mentalese）。这根本说不通。这不仅是因为在人类大脑内部构造中并没有找到这样的系统。的确，这样的系统有可能存在，尽管它与任何常见的自然语言，比如英语或法语，并不相像。这是一个与我们所提出的问题不相关的答案，因为它只是推迟了对这个问题的回答。要是有一种思想的语言就好了。那么它的词项的含义又是从何而来呢？你如何能够知道你的思想语言中这些句子的意义呢？如果我们将思想语言的假设与它的祖先，也是其主要的对手，也就是观念的图像论进行对比，这个问题就容易理解了。我们的思想就好像图像，它能形成画面。这个观点认为。它们关涉的就是它们所关涉的，因为就像图画，它们与其所表现的对象类似。怎么能说我想到鸭子是因为我先想到了奶牛呢？那是因为我注意到我一想到鸭子，头脑中就会出现鸭子的画面，而一想到奶牛，却不会这样。

这也是说不通的。因为它又会引出一个新的问题：你怎么知道一只鸭子看起来像什么。而且，这个问题是有意义的。因为在你的大脑中并没有这样一个图像系统，能够运用大脑内部的图像和它们所代表的物体之间图形上的相似性。这种系统的确可能存在可能。实际上，这样的系统确实存在，而且我们刚刚开始理解它是如何工作的。对于我们提出的根本问题，这也算不上答案。但是，由于问题的答案取决于我们对答案本身的确切理解，所以这相当于在兜圈子。

对于我们的意向性这个问题，其答案是简单明了的。我们刚刚就文字描述和素描等代表性人造物，具有衍生意向性达成了一致，因为它们在创造者的活动中起了作用。写在一张纸上的购物清单，只有从写作者本人意向中得到的衍生意向性。所以，购物者本人头脑中的购物清单同样也具有这种意向性。它所衍生的意向性与外在的纸面清单是一样的，而且产生的原因也相同。同样，你头脑中的母亲或米歇尔·菲佛的形象，与你画在纸上的速写，其衍生方式是一样的。它是内在的而不是外在的，但它仍然是由你的大脑创造出来的一个人造物，而它之所以有意义，是因为它在你的大脑内部活动持续进行的过程中所处的特殊地位，以及在控制你的身体于现实世界所进行的复杂活动中所起的作用。

那么人脑又是如何形成这样一个具有惊人能力、令人惊异的组织状态的呢？答案是相同的：大脑是一个人造物，它的意向性来自其组成部分所具有的意向性，而后者又源自这些组成部分在更大的系统中所起到的作用。而大脑也只是这个系统的组成部分。换而言之，大脑的意向性来自其创造者的意向，它的创造者就是自然母亲，或者叫自然选择的进化过程。

大脑状态的意向性源自设计它们的系统或过程的意向性，这种说法乍看起来确定奇怪且令人不安。假设在一种语境中这个说法是完全成立的，那么我们就能看到它产生的结果：我们会对某个人造机器大脑状态的衍生意向性感到好奇。假设我们在超市里遇到一个机器人，它正推着购物小车选购商品，而且它会时不时地停下来看一看写满了购物符号的纸条。其中一行写的是：

MILK@.5 × GAL if P <2 × QT\P else 2 × MILK@QT

我们问机器人："这些乱七八糟的符号是什么意思？"它回答："这只是提醒我买半加仑牛奶，但仅在半加仑牛奶的价格比 1 夸脱牛奶价格的 2 倍要低的时候，因为夸脱装更便携。"这个机器人发出的听觉人造物只不过是翻译成口语的书面语。但是，它明显带有符合人类利益的衍生的含义。那么，纸条和语言这两种人造物，又是从哪里得到了衍生意向性呢？毫无疑问，它们出自机器人设计师聪明的设计，但或许是以非常间接的形式。很有可能是这些工程师设计并且直接设置了这套具有价格意识的原则，并由此产生了这个特别的提醒。这是一种挺无趣的可能性，但是，在这种情况下，这些状态的衍生意向性一定会回溯到其创造者，也就是人类设计师自己的意向性。

要是设计师做了一些更复杂的设置，那会更加有趣。他们有可能设计出一个在不同方面对花销敏感的机器人，让它根据自己的“经验”，“算出”应该采用哪个原则。这刚好是如今的前沿技术能够实现的。在这种情况下，这个原则不会是预先设计好的，而是灵活的。在不远的将来，机器人或许能够根据自己更多的“经验”做出判断：这种做法一点儿也不划算，于是它会买更方便的夸脱装牛奶，而不考虑价钱。机器人的设计师做了多少设计工作？他们又将多少工作委托给了机器人。控制系统及辅助进行信息搜集和信息处理的子系统越复杂精细，机器人能够做出的贡献就越大，因此，它是它自己的意义的“作者”这种说法就越有分量。随着时间的推移，这种意义或许对于机器人的设计者来说反倒难以理解了。

这种想象中的机器人还不存在，但是有朝一日或许会出现。介绍这种机器人，是想说明，在它那仅有衍生意向性的世界中，我们仍然能够做出从一开始就令原初意向性和衍生意向性形成对照的那种区分。我们不得不“求教作者”从而找出人造物的意义。这具有启发性，因为它表明衍生意向性能够出自衍生意向性。它还表明内在意向性的幻觉是如何产生的。

从表面上看，制造出令人费解的人造物的人，似乎必须要有内在意向性，才能确保人造物具有衍生意向性，但事实并非如此。至少从上面的例子中，我们可以看到，内在意向性并没有发挥作用。假想出来的机器人和我们一样有能力，可以将衍生意向性委托给辅助性的人造物。它游走于世间，完成自己的使命，同时避免伤害，凭借的只是衍生出来的意向性，也就是事先为它设计好的意向性。这种意向性一开始由它的设计者设计，但随着它对世界的不断了解，它又通过它自己的自我设计过程来设计这种意向性。人类也许处于同样的状态，在衍生意向性的指引下过着各自的生活。内在意向性为我们提供了哪些好处，是我们可以传递给后代，而无法赋予进化设计的人造物的呢？也许我们所追寻的不过是幻影。

这种前景展现在我们的面前是一件好事。因为这种让我们能够说话、写字、对所有的奇事产生好奇的意向性无疑是进化过程中一个晚近且复杂的产物。这个进化过程既以这种粗扑的意向性为祖先，又以其为当代的组件。塞尔等人蔑视这种意向性，只把它看作类似于意向性的东西。我们是机器的后裔，也由机器构成。所有这些我们享有的意向性都衍生自这种数以十亿计的粗朴意向系统更为基本的意向性。我并不是想倒退，我想往前看。这是唯一有希望的行进方向。但是，旅程还在前方。

KINDS OF MINDS

03 心智产生的基础

为什么说植物没有心智？

心智产生的基础是什么？

心智产生的临界点是什么？

笛卡尔的二元论对我们认识心智有哪些负面影响？

放眼遥远的未来，我看到了涵括更为重要的研究领域的广阔天地。心理学将会建立在新的基础上，即每一智力与智能，都必然是由逐级过渡而获得的。人类的起源及其历史，也将从中获得启迪。

——达尔文《物种起源》①

偏爱机灵鬼而不是呆头鹅

我们终于踏上了旅程。自然母亲，或者按我们今天的说法，将它称作自然选择的进化历程，它没有任何远见，却逐渐造就了具有远见的生灵。正如诗人保罗·瓦雷里（Paul Valéry）所说，心智的任务是产生未来。从根本上讲，心智就是预见者，是个期望生成器。它在当下挖掘线索，借助过去保留下来的材料进行提炼，把它们变成对未来的期望。

① 本段文字选自达尔文：《物种起源》，苗德岁译，译林出版社，2013。——编者注

然后，它再根据这来之不易的期望，理性地行动。

鉴于生物界难以避免的原材料竞争，任何生物体所面临的任务都可以看作童年捉迷藏游戏的翻版。你寻找自己需要的东西，躲开那些需要你拥有之物的搜寻者。最早的复制者是大分子，它们有自己的需要，还发展出相对简单的方式来满足这些需求。它们的寻找在很大程度上就是漫无目的的走动，执行任务的那端有一个经过适当配置的捕获器。碰到合适的东西，它们就会抓住它。这些搜寻者没有计划，没有“搜索图像”，除了配有捕获器，没有任何搜索对象的表征。它是个锁钥系统，仅此而已。大分子并不知道自己在寻找，也不需要知道。

在真实或虚构的间谍世界中，“按需知情”（need to know）原则很有名：特工除了完成他自己那部分任务绝对必须知道的信息之外，不会获知更多信息。所有生物的设计，数十亿年以来一直遵循相差无几的原则，而且还会以无数种方式继续下去。构成生物体的能动体（或微能动体以及伪能动体），就像中情局或克格勃的秘密特工，只能得到执行它们那些极为有限的专门任务所需的信息。间谍活动的基本准则是安全，自然界的基本准则是经济。最便宜、最省事的设计系统会被大自然首先“发现”，并被选中，可以说这种选中缺乏远见。

顺便说一句，最便宜的设计很可能不是效率最高的，也不是体积最小的，认识到这一点很重要。对大自然来讲，增加或者保留许多额外的不起作用的东西，通常更划算，只不过因为这些东西是在复制和发展的过程中被创造出来的，而且得付出相当大的代价才能移除。我们现在知道，许多变异插入代码只是“关闭”了一个基因而不是删除它。这在基因的空间里，是更为经济的办法。在人类的工程设计世界中，类似的现象常出现在计算机程序设计中。程序员们改进程序时，比如说要用 WordWhizbang 7.0 版代替 WordWhizbang 6.1 版，标准做法是紧接着旧代码编写新源码。也就是先复制一份旧代码，再编辑这个副本，进行修改。然后，在运行或编译新代码之前，“注释掉”旧代码。

他们并不是将旧代码从源码文件中删除，而是用特殊符号把旧版本包裹起来，告诉计算机在编译或执行程序时，跳过符号里面的部分。旧指令存在于“基因组”之中，已被标记，因而决不会在表现型中被“表达出来”。保留旧代码几乎无须花费什么，或许有一天它们还能派上用场。比如，世界的情况也许会发生变化，使得旧版代码更好用。或者，额外的旧版副本有朝一日也许会突变为有价值的东西。这些来之不易的设计不该被轻易丢弃，因为要是从头再造一次，也许会很困难。现在越来越清楚的是，进化经常采用这种策略，反复再利用之前设计过程的剩余之物。①

大分子以及它更为复杂的单细胞后代，都不必知道自己在做什么，也不必知道为什么它们的所作所为就是其生计的来源。就是说，种种原因存在了几十亿年，却没有原因创制者，没有原因表征者，甚至没有严格意义上的原因赏识者。大自然，也就是自然选择过程，通过默默无言而又无意识地让那些最佳设计繁荣兴盛，表达了它对好理由的欣赏。作为后起之秀，我们这些理论家第一个看到了各种模式，猜出了其中的原因，也就是那些历经亿万年创造、具有自由漂浮性的设计原理。

我们用意向立场来描述各种模式。甚至生物体中一些最简单的设计特征，比如，那些比开关还要简单的永久特征，都能够由一种具有意向立场解释的过程进行装配和改进。比如，无论理论家怎样发挥想象，植物就是没有心智。可它们的种种特征却是在进化过程中由竞争塑造的，这些竞争还可以用数学博弈论来建模。就好像植物与其竞争者都是像我们一样的能动

① 在《达尔文的危险观念》中，我更加深入地探讨了设计的节约累积原则。

体。那些在进化历史上被食草动物大量食用的植物，它们的反击手段通常是进化出专门针对这些食草动物的毒性。食草动物反过来又会在自己的消化系统中进化出对这些特定毒素的耐受性，又来大快朵颐。而植物在初尝败绩后，又进一步发展出更厉害的毒性或尖刺，作为不断升级的制约与反制约“军备竞赛”里的新招。

食草动物可能在某个时候就会“选择”不再报复而是去做区分，从而转向其他食物来源。接着，其他无毒植物可能会演化出“模仿”有毒植物的特点，无意中利用了食草动物视觉或嗅觉区分系统中的弱点，借此搭上了其他种类的植物在毒性防御机制方面的便车。尽管植物和动物的消化系统都没有通常意义上的心智，但自由漂浮这一基本原理仍然是清清楚楚、可以预测的。

按人类的标准看，这一切变化速度极其缓慢。可能需要成千上万代、成千上万年，这个捉迷藏游戏里的一步才能得以完成或其结果才能得以显现。当然，在某些情况下变化速度也会快得惊人。种种演化式变化模式的呈现速度如此之慢，以至于按照我们摄取信息的正常速度，根本看不到它们，所以就很容易忽略它们的意向性解释，或者认为这种解释不过是臆想或隐喻。或许可以把我们这种对正常速度的偏爱称为“时间尺度沙文主义”(timescale chauvinism)[①]。以你认识的最聪明、最机灵的人为例，设想拍摄他的超级慢动作，比如用每秒 3 万帧的速度拍摄，再用每秒 30 帧的正常速度来播放的情形。此时，无论什么闪光回击，什么“连珠”妙语，都会像冰川一样从他口中缓缓而出，让最有耐心的影迷也忍无可忍。又有谁能猜得出他的聪慧呢？而在正常速度下，他的聪明可是显而易见的。

就像延时摄影生动地展示出来的那样，我们也会被与之相反的时间尺度错置迷住。看到花儿在数秒内萌芽、含苞、盛开，我们就会不由自主地被拉到意向立场。看呢，那株植物如何努力向上，与邻株争夺有利的光照位置，在阳光下招摇地伸展叶子，避开对方的反击，像拳击手一样闪转腾挪！完全相同的模式，用不同的速度播放出来，就可以揭示或掩盖心智的存在或缺失，或者看起来如此。在空间尺度方面，固有偏见也很深。如果蚊子有海鸥那么大，就会有更多的人确信蚊子有心智。如果必须用显微镜来观察滑稽的水獭，我们就不太确定它

① 沙文主义原指极端的民族主义，如今其含义得以扩展，指盲目热爱自己所处的团体，排斥其他团体，是一种偏见。这里的时间尺度沙文主义指人类对正常速度的偏好，而不愿接受其他速度。——编者注

们喜欢玩乐。

要想让人类认为某些东西有心智，那么它们的行为必须在恰当的速度下进行；我们认为某物有心智时，并没有什么选择余地，因为那种感知几乎是无法抗拒的。那么，这个事实到底是与我们作为观察者的偏见有关，还是与心智有关？在心智现象里，速度的实际作用是什么呢？会不会存在这样的心智，同任何其他心智一样是实际存在的，只是与我们的心智相比，它们的活动速度要慢很多个数量级？这种想法的一个根据如下：如果火星人的思维方式跟我们一样，只是速度比我们快数千或百万倍，当他们来访地球时，就会觉得我们像树一样笨，还会倾向于对人类具有心智的假设嗤之以鼻。如果他们确实嘲笑了这一假设，他们就错了，对不对？他们就成了自己的时间尺度沙文主义的受害者。所以，如果我们想要否认思考速度极其缓慢的心智存在的可能性，我们就必须找到其他根据，摒弃对人类思考速度的偏爱。

有哪些根据呢？你可能想，就像克服地球的引力束缚所需要的逃逸速度一样，或许存在一种心智的最低速度。别说拥护这个想法，就算是让我们注意到它，就需要一个理论来解释为什么要这样做。是什么让系统运行得越来越快，以至最终“突破了心智屏障”，还凭空创造出一个心智？是各活动部件之间摩擦生热，超过了一定温度，使某种东西发生了化学变化？那为什么就能造出一个心智呢？就像加速器中的粒子在接近光速时，质量大大增加一样？那为什么就能造出一个心智呢？是快速旋转的大脑组件以某种方式打造了一个保护壳，阻止了不断累积的心智粒子逃离，直至粒子达到临界质量而凝聚成一个心智吗？

除非有诸如此类的提议并得到支持，否则认为心智纯粹脱胎于速度的观点就没什么吸引力，因为有很好的理由表明相对速度才是真正重要的：为了达成心智的目标，相对于不断演变的环境，知觉、思考与行动都需要足够敏捷。如果其“预测”总是来得太晚而不能被执行，那么“产生未来”对于任何意向系统都是没用的。在其他条件相同的情况下，进化总是偏爱那些机灵鬼而不是呆头鹅，那些总是不能按时完成任务的生物会灭绝。

可是，要是有那么一颗行星，上面的光速是每小时 100 千米，而所有其他物理事件与过程都相应地减速以保持步调一致，又会怎么样呢？事实上，在物理世界里，事件的进程是不可能加快或减慢若干数量级的，除非是在哲学家们异想天开的思维实验里。所以，相对速度其实跟绝对速度一样可行。如果给定石头掷向目标的速度，也给定飞行中的石头所反射的光速，同时给定报警声在空气中传播的速度，以及体重为100千克的人以每小时20千米的速度奔跑时向左或向右猛转需要的力——所有这些以及很多固定不变的性能指标均给定，且与在某些特定速度下所产生的任何离奇“涌现性质”（emergent properties）无关，好用的大脑也必须以相当明确的最低速度来运行。这些运行速度的要求又进一步迫使大脑采用能够维持这些速度的信息传播介质。这个理由就很好地解释了心智构成为什么很重要。当然，还可能有其他理由。

如果上述事件的规模更为庞大、发生速度更快，类似心智的东西也可能存在于其他介质里。我们只有采取意向立场，才能识别这些现象中的这些模式。植物和动物的物种或世系得经过相当长的时间周期才可能感知条件的变化，并以理性的方式对感知到的变化做出反应。这就是意向立场获得其预测能力和解释能力所需的一切。在更短的时间周期里，植物个体可以对感受到的环境变化做出适当的反应，长出新的枝叶来获取有限的阳光，向水源扎根。有些物种甚至暂时调整自身可食用部分的化学构成，从而抵抗它们觉察到的那些路过的植食动物的攻击。

这些速度缓慢的敏感性，就像温控器与计算机的人造敏感性一样，可能会让我们觉得它们不过是对感知的二流模仿。感知才是真正起作用的心智现象。或许通过追问所讨论的候选者是否拥有感知，我们可以把“纯意向系统”和“真正的心智”区分开来。那么，“感知”是什么呢？虽然从来没有恰当的定义，但感知差不多是用来指称人类设想的最低层次意识的标准术语。大约到了这个时候，我们就会希望想出个策略，来对比感知与纯敏感性。纯敏感性是单细胞生物体、植物、汽车燃油表、相机胶卷所表现出来的现象，与意识完全无关。

摄影胶片对光有不同级别的敏感度；温控器是用对温度变化敏感的材料制成的；石蕊试纸对酸敏感。人们普遍认为植物或水母、海绵等“低等”动物敏感而不能感知，而“高等”动物则能够感知。与人类类似，高等动物不只具有这样或那样的敏感装置，通过这些装置对这个或那个东西做出有区别而适当的反应，它们还拥有某种更高级的特性，那就是感知。这是人们的普遍看法。那么这种人人都知道的特性究竟是什么呢？

感知超出了敏感性的部分是什么呢？这样的问题很少被问及且从来没有被认真回答过。不要认为这个问题有好的答案。换句话说，不要认为这是个好问题。想要使用“感知”这个概念，就必须从我们理解的部分开始构造它。人人都认同感知需要敏感性再加上一个高级但尚不明确的因素X。因此，如果把注意力投向各种不同类型的敏感性及其作用上，严密注意我们觉得是多出来的那种关键物质，沿着这条路，就有可能发现感知。然后，就可以将感知现象加入我们那不断展开的故事里，要不然就彻底放弃感知属于特殊类别这种想法。无论怎样，我们都会彻底弄清楚那个将有意识的我们与繁衍出我们的那些只敏感而不感知的大分子区分开来的界限。寻找敏感性与感知的关键差异时，有一个地方让人很想尝试，那就是相关材料，即信息传播与转换的介质。

心智产生的临界点

我们必须仔细地考察第2章开头简要描述过的从自我复制大分子到哺乳动物的发展过程。最早的控制系统确实只是身体保护器。植物是活的，但没有脑。按照它们那样的方式生活并不需要脑。但它们还是需要保证自己的身体完好无损，所处的位置适当以便能从周围环境中获益。为此，它们演化出了自我治理或控制系统，留意关键变量并做出相应的反应。它们关切之事以及由此产生的初级意向性，要么向内，指向内部情况，要么指向介于身体与残酷的外部世界之间至关重要的交界地带的状况。

监控与调整的责任是分散的，而不是集中的。对条件变化的局部感知可以用局部反应来应对，这些过程基本是相互独立的。这有时会带来协调问题，比如两队微能动体的目标可能会互相冲突。有时候，进行独立决策确实是个坏主意。比如，当小船向左倾的时候，如果每个人都决定向右倒，那么船就有可能从右边翻过去。不过，总体来说，植物的这些极简主义（minimalist）策略可以由高度分散的“决策”实现，并通过缓慢而初级的信息交换适当地加以调整，这种信息交换是由植物体内流动的液体的扩散而带动的。

那么植物会不会是“特别缓慢的动物”呢？会不会也拥有感知？只是由于人类的时间尺度沙文主义而被忽略了呢？由于“感知”一词的含义没有定论，只要给出理由，我们就可以自由选择自己的定义。如果愿意，或许可以用“感知”来形容植物对其环境的缓慢而可靠的响应性，不过我们仍然需要某个理由来把它的这种特质同细菌和其他单细胞生命形式（更不必说相机里的测光表了）的纯敏感性区别开来。可并没有什么现成的理由支持这种观点。不过，的确有一个颇有说服力的理由，让我们把“感知”这个词留给更特殊的东西：与植物相似，动物也有慢速身体维护系统，而通常的意见是把这些系统的运作同动物的感知区别开来。

自有动物开始，动物的慢速身体维护系统就一直存在。一些漂荡在血液之类的介质里的分子本身就是直接为身体“做事”的作业员，比如和有毒的入侵者单打独斗再消灭它们。而另一些则更像信使，它们来到更大的能动体旁边并被其“识别出来”，就是叫这个更大的能动体“做事”，比如加快心率或开始呕吐。有时候，这个大能动体是整个身体。比如，当某些物种的松果腺检测到日光普遍减少时，就会给整个身体广播一条激素信息，以便开始为冬天做准备。

这个包含很多子任务的任务，全部由一条信息启动。虽然这些古老的激素系统中的活动与某些被我们视为感知的强有力的实例（如恶心、眩晕、寒战，或者欲火难耐）相伴发生，但这些系统的运行与感知的那些伴随物是各自独立的。比如，在睡着或昏迷的动物身上就能看出来。医生说那些已经脑死亡靠呼吸机维持生命的人处于“植物状态”——只有那些身体维护系统在维系着生命。感知不在了，但很多种敏感性还在，维护着各种各样的机体平衡。至少，很多人会这样使用“感知”和

“敏感性”两个词。

在动物体内，这个复杂的生化信息控制包系统最终配备了一个更快捷的系统，这个新系统在一种不同的介质中运行：神经纤维中四处传播的电脉冲活动。它不仅给更为迅捷的反应开辟了机会空间，而且由于这个新系统，也就是自主神经系统，支持不同几何形状的连接，所以控制权也得以分布于身体的不同部分。新系统的关注点仍然是体内，或者至少关注的是在时间和空间上都很紧迫的事：身体现在是该发抖呢，还是流汗呢？由于对血液供应有其他更急迫的需求，胃里的消化过程是不是应该推迟？射精的倒计时是否应该开始？诸如此类。新旧介质之间的接口得由进化安排。这个发展历程在我们现有的构造里留下了印记，使它们比我们设想的要复杂得多。忽视这些复杂性常常使理论家们误入歧途，其中也包括我自己，所以我们应该简单地说一说。

在很多现代心智学说共同遵循的基本假设里，有一个假设叫作功能主义（functionalism）。它的基本观点在日常生活里颇为有名，有很多箴言式表达，比如“行为美才是真的美”（Handsome is as handsome does.）。心智（或信念、疼痛、恐惧）的成因不在其组成，而在于其功能。我们认为这一原则毫无争议地适用其他领域，特别是对人造物的评判上。火花塞之所以为火花塞在于它可以被塞到一个适当的地方并且在被要求的时候迸发出火花。这才是真正重要的。火花塞的颜色、材料或内部复杂度可以随意组合，只要能够符合其功能角色所要求的特定尺寸，它的形状也可以随意变化。

生物世界广泛采纳功能主义：心脏是泵血的，人造心脏或者猪的心脏可能会做得同样好，因而可以替换人体内的病变心脏。溶菌酶这种宝贵的蛋白质有 100 多个化学性质不同的品种。它们都是溶菌酶，以及它们都很宝贵，原因就在于它们的功能。实际上，它们完全可以相互替换。

用功能主义的标准术语来说，这些依据功能定义的实体支持多种实现方式。人造心智难道不能像人造心脏那样，可以用几乎任何东西造出来或者说实现吗？一旦我们弄清楚心智是做什么的，疼痛是做什么的，信念是做什么的等，我们就应该能够用其他材料来造出具有那些能力的心智或者其部分。包括我自己在内的很多理论家都认为心智所做的事情是处理信息，心智是身体的控制系统，为了完成指定的职责，它们需要搜集、辨别、存储、转换以及其他方式来处理执行控制任务过程中涉及的信息。到此为止，一切都不错。

和其他领域一样，功能主义也会让理论家的日子更好过。它将某些过程中的杂乱细节抽象掉，从而专注于实际在做的事情。但是，功能主义学派对这个任务的理解往往过于简化，使得理论家的日子有点太惬意了。

神经系统，包括自主神经系统以及它后来的伙伴——中枢神经系统，就像信息网络，它在各种特定的位置与身体的实际经历相连，这些位置就是负责输入的传感器节点和负责输出的效应器节点。传感器（transducer）是把一种介质里的信息（如血氧浓度改变、环境光线变暗、温度上升）传输并转换到另一种介质里的装置。光电池把入射光子形式的光转换成沿导线传播的电子流形式的电信号；麦克风把声波也转换成电子流形式的电信号；温控器中的双金属弹簧片将环境温度的变化转换成簧片的弯曲程度。而簧片的弯曲又转换成沿着导线传输的电信号，从而控制加热装置的开关。

视网膜中的视杆细胞和视锥细胞是把光传入神经信号介质的传感器。鼓膜将声波转换成振动，振动最终又被基底膜上的毛细胞转换为同一介质中的神经信号。此外，还有遍布全身的温度传感器、内耳里的运动传感器以及许许多多其他信息的各种传感器。效应器（effector）是受某种介质信号控制，使另一种“介质”里发生某种情况（弯曲手臂、关闭毛孔、分泌液体、发出声响）的装置。计算机的“外部”世界与信息通道之间有某种清晰的界限。键盘按键、鼠标、话筒、摄像头等输入设备全都把信息转换成了相同的介质，即以“比特”（bit）形式传输、存储和转换的电子介质。

计算机也可以有内部传感器，如“通知”计算机过热的温度传感器，或警告供电异常的传感器。不过这些都算作输入设备，因为它们从内部环境提取信息并将其转换到信息处理的介质中。

如果我们能够把信息通道放在身体的神经系统里，与“外部”世界隔绝开来，以便所有的重要交互都发生在可以辨认的传感器与效应器里，那么从理论上说这倒是干净利落。像这样的分工安排常常很能说明问题。比如有一艘船，舵轮和它所控制的舵距离很远。你可以用绳子、齿轮、链条、滑轮组或者充满油（或者水，或者威士忌！）的高压软管液压系统把舵轮与舵连接起来。这些系统以这样那样的方式把舵手转动舵轮时所提供的能量传送到舵。你还可以只用几根细细的电线把舵轮与舵连接起来，以此来传递电信号。你不必传送能量，只传递舵手想让舵如何转向的信息就行。你可以在舵轮这端把信息转换为一个信号，而在另一端通过电动机之类的效应器局部地加入能量。你也可以增加“反馈”信息，在电动机和舵那端采集信息，再将这些信息发送到舵轮的转动阻力控制装置，以便让舵手感受到舵转动时水对它的压力。如今，这样的反馈是汽车的动力转向系统中的标配，但它在系统发展早期却是缺失的。这种缺失可能造成危险。

如果你选择这类系统，这类只传送信息而几乎不传送任何能量的纯粹的信号系统，那么这些信号是穿过导线的电子、穿过玻璃纤维的光子，还是穿过虚空的无线电波，就根本没什么区别了。所有这些情况之中，重要的是信息不会丢失，也不会因舵轮转动与舵转动之间的时间延迟而失真。对于使用链条、电线或管道等机械连接的能量传输系统而言，这也是一个关键要求。尽管信息最后也能传送到，但弹性连接带不如没有弹性的缆绳好的原因也正在于此。这也是在液压系统里，不可压缩的油比空气更好的原因。[①]

---

① 这个操纵装置的例子有深厚的历史渊源。诺伯特·维纳（Norbert Wiener）根据希腊语的“舵手”或“掌舵者”一词创造了“控制论”（cybernetics）这个术语。“节速器”（governor）一词的词源相同。有关通过信息传输与处理实现控制的这些思想，最初由维纳在《控制论》（*Cybernetics; or, Control and Communication in the Animal and the Machine*）一书中给出了清晰的阐述。

现代机械经常可以用这种方式把控制系统与被控制系统分隔开来，以便控制系统能够方便地替换而不会造成功能上的损失。大家熟悉的家电遥控器就是明显的例子。取代了老式机械连接的电子点火系统以及汽车里其他基于计算机芯片的设备也是这样的例子。在一定范围内，这种不受限于特定介质的自由也是动物神经系统的特征，因为其组成部分能够非常清晰地分为外围传感器和效应器以及中间传导通路。例如，失聪的一个原因是癌症损伤了听觉神经。这时耳朵的各种声音敏感部分仍然是完好的，但是将它们的工作结果传送到大脑其他部分的传输通道被破坏了。被损毁的通路现在可以用某种假体连接代替，它是一种由不同材料制成的小型电缆，就像普通计算机里的导线。由于电缆两头的接口可以满足尚存的健康组织的要求，信号得以通过。这样，听觉就恢复了。只要信息能够通过而不丢失或失真，传输介质是什么一点都不重要。

不过，这个重要的理论思想有时会造成严重的误导。其中，最具吸引力的便是“双重传感的神话”：首先，神经系统将光、声、温度等转换为神经信号（神经纤维里的脉冲序列）；然后，在某个特殊的中枢地带，这些脉冲序列被转换成另一种介质——意识的介质！笛卡尔就是这样想的，而且他还提出，位于脑正中的松果腺就是第二次转换发生的场所，在那里，被转换的信息传到了心智神秘而非物质的介质之中。今天，研究心智的人认为并不存在这样的非物质介质。然而，奇怪的是，脑中某个尚待确定的地方发生了第二次传感，信息从而进入某种特殊物理或物质介质的想法继续诱骗着轻率的理论家们。

好像他们知道，或者他们认为自己知道，既然神经系统的外围活动不过是敏感性而已，那就必然存在某个更核心的、能创造出感知的地方。毕竟，一个活的眼球在与脑的其他部分断开之后是看不见东西的，也不具备有意识的视觉体验，因此感知一定是之后发生的，发生在单纯敏感性添加了神秘的 X 因素从而产生出感知的时候。

这种想法的吸引力经久不衰的原因也不难找到。人们容易认为神经脉冲不可能是构成意识的全部材料。这些脉冲需要以某种方式转变成另一种东西。否则，神经系统就会像无人应答的电话系统、没有任何观众的电视网，或者一艘没有舵手的船。大家觉得好像必须有个中枢能动体、老板或听众来接纳从而传感所有信息，领会后再“为船掌舵”。

由于网络结构复杂，因而具有转换能力，继而有了控制身体的能力。这种认为网络自身能够充当内部老板并由此能够包藏意识的想法似乎非常荒唐。乍看起来，确实如此。但这一主张的某个版本正是唯物主义者最美好的愿望。把神经系统作为单纯的信息处理系统的那种说法所忽视的种种复杂情况，恰好可以用在这里，把一部分所谓“领会”的艰巨任务放回到身体之中，从而解放我们的想象力。

敏感性与感知的关键差异

看上去，自然界不仅将理性器官构建在生物调节器官的上方，而且也要借助生物调节器官。

——安东尼奥·达马西奥（Antonio Damasio）

《笛卡尔的错误：情绪、推理和大脑》

（*Descartes' Error: Emotion, Reason, and the Human Brain*）[①]

神经系统里的信息传播介质是沿着神经细胞长长的分支前进的电化学脉冲。与沿着导线以光速传播的电子不同，这是一

① 在20世纪，笛卡尔推崇的“身心二元论”占据主流，该书作者达马西奥提出了截然不同的观点。该书中文简体字版已由湛庐策划、北京联合出版公司出版。——编者注

种慢得多的连锁反应。一根神经纤维就好像一块拉长了的电池，其中神经细胞膜内外的化学差异会引发电活动，并沿着细胞膜以不同的速度传输。这比分子在液体里传输的速度快得多，却比光速慢很多很多。在神经细胞相互接触的地方，是被称为“突触”（synapses）的接合点，微效应器与微传感器也在这里发生交互作用：电脉冲触发神经递质分子的释放，这些分子以扩散这种老派的方式穿过非常窄的间隔，然后又被传感为更多的电脉冲。大家或许会觉得这是向古老的分子锁钥世界的退步。尤其是看到除了大体上是中性的通用突触穿越者，即像谷氨酸这样的神经递质分子之外，还有那么多的神经调质分子，当这些神经调质分子发现相邻神经细胞的“锁”时，自身就会产生各种变化。

是否可以说，就像其他传感器“注意到”抗原、氧或者热的出现那样，神经细胞用同样的方式传感这些神经调质分子的出现呢？果真如此的话，神经系统里几乎每个接合点就都有传感器，会给电脉冲所携带的信息流再增加输入。同样，无处不在的效应器把神经调质与神经递质分泌到身体其他部分的“外部”世界里，它们在那里扩散后会产生多种不同的效应。信息处理系统与世界的其余部分，也就是身体的其余部分，之间清晰的界限就崩溃了。

情况一直很明确：有传感器与效应器的地方，信息系统的“介质无关性”或“多重可实现性”就会消失。比如，为了检测光，你需要某种快速而可靠地对光子做出反应的光敏物质，把亚原子级别的光子的到达放大为更大规模的事件，进而触发更进一步的事件。视网膜紫质就是这样的光敏物质。这种蛋白是所有自然眼的首选材料，蚂蚁、鱼、鹰、人都是如此。人造眼或许可以使用其他光敏元件，但不是什么东西都可以。

为了识别某种抗原并使其失活，你需要形状相符的抗体，因为识别是以锁钥方法来进行的。构造抗体的物质只能选择可以打造成那些形状的分子，因而分子的化学结构也被严格限制，但这种限制并不是完全彻底的，比如溶菌酶就有多种变体。理论上，我们或许可以说每个信息处理系统的两头都连着传感器与效应器，而这些传感器与效应器的物理构成又取决于它们既定的任务。中间的一切由与介质无关的过程来实现。

轮船、汽车、炼油厂以及其他复杂人造物的控制系统对介质的选择没有限制，只要所用介质能在规定时间内完成任务就行。可是，动物的神经控制系统对介质的选择却并非真的没有限制。这不是因为控制系统必须由某些特定材料制成才能大显神通，而是因为它们演化成生物体的控制系统时，生物体已经非常奢侈地装配了遍布各处的控制系统。而新系统必须在此之上建立，并与旧系统深度合作，由此建立了天文数字般的传感节点。我们可以偶尔忽略这些不同介质之间无所不在的互相渗透。例如可以用假体取代一条神经通路，如听觉神经，但只有在异想天开的思考实验里，我们才能普遍地忽略这些相互渗透。

例如，解锁神经细胞间所有交易的分子钥匙有谷氨酸、多巴胺、去甲肾上腺素等。而“理论上”所有的锁都可以换掉，就是说，用一个化学成分不同的系统来代替。毕竟，化学物质的有效性取决于它与锁是否吻合，因而取决于开锁信息的到达所触发的后续影响，而并非别的什么东西。然而，由于监控责任遍布身体各处，换锁是很难办到的。太多的信息处理及信息储存都已经内置在这些特定的材料里。这也是制作心智时物质材料很重要的另一个关键原因。因此，关键原因有两个：一是速度，二是传感器与效应器遍布整个神经系统，无处不在。我想不出还有什么其他重要理由。

这些考虑因素在一定程度上支持了功能主义批评者经常给出的一种说法，这种说法看起来很有吸引力，那就是“制作心智的材料特别重要”。你不可能用硅芯片、电线和光纤或者连了线的易拉罐制造出一个有感知力的心智。那么，这些是放弃功能主义的理由吗？完全不是。事实上，这些理由的说服力有赖于对功能主义的基本认识。

心智依赖其内部构造或介质的化学成分，唯一的原因就是，根据生物史的事实，这些构造的材料为了实现既定的功能，其构成物质就必须与它所控制的已经存在的机体兼容。功能主义反对活力论和有关各种物质“内在性质”的各种形式的神秘主义。肾上腺素里的愤怒或恐惧并不比一瓶威士忌中的愚蠢更多。这些物质本身就像汽油或二氧化碳一样，与心智现象毫无关系。只有当它们作为更大功能系统的成分发挥作用，而其内部构成又决定了能力大小时，那所谓的“内在本性”才重要。

与现代轮船的控制系统不同，你的神经系统并不是密闭隔绝、与介质无关的控制系统。它在几乎每个接合点上都产生“效应”并“传感”的事实，迫使我们以一种更复杂也更现实的方式思考它的不同角色和功能。承认这一点，功能主义学派心智哲学家们的日子要稍微难过一些。成百上千的哲学思考实验，包括我自己的那篇文章《我在哪里？》（*Where Am I?*）都利用了这样的直觉：我不是我的身体，而是我身体的……主人。要是心脏移植手术，你想做受捐人，而不是捐赠人，但如果是脑移植手术，你会愿意做捐赠人——你随你的脑存在，而不是随身体存在。正如很多哲学家所主张的那样，原则上讲，我甚至愿意把我现在的大脑换成新的，只保留信息而把介质换掉。例如，只要信息得以完美地保留，我的心智就得以转移。原则上讲，是这样。但实际上这根本行不通，因为，我们传送的不仅是神经系统的信息而是整个身体的信息。像哲学家们假定的那样，把我和身体清清楚楚地拆分开来，是不可能的。身体里的我和神经系统里的我一样多，也就是说决定了我是我的那些价值观、天赋、记忆和性情，在身体和神经系统中一样多。

笛卡尔臭名昭著的身心二元论，其影响远远超出学术领域，已经深深影响人们的日常思维，如“这些运动员身心都做好了准备”，或“你身体什么毛病也没有，问题出在心里”。即使我们之中那些反对笛卡尔观点的人，也有把心智或者说脑看作身体的老板、轮船的引航员的强烈倾向。一旦陷入这种思维，就会忽略另外一种重要的可能性，即把脑乃至心智看作众多器官中最近才出现的夺权者。我们只有不把它当作老板而只是一个脾气有点暴的仆人，才能恰当地理解其功能，也就是为庇护它、支持它并将意义赋予它的活动的身体，提供更多的价值。

这一历史或进化的视角让我想起牛津大学在我毕业之后的30年间发生的变化。过去，是导师们说了算，而财务长与其他官员乃至副校长，都按照他们的指导和命令行事。而今天，同其他美国大学的同行一样，牛津大学的导师们明显是一个中央管理机构的雇员。可是，大学最终又是从哪里获得自己的意义呢？在进化史上，有个类似的变化悄悄地出现在了我们身体的管理机构中。而我们的身体，就像牛津大学的导师们，仍然有一定的决策权。或者说，当中央管理机构的行动与民众的意见相左时，不管怎么说后者至少还有一定的反抗力量。

一旦我们不再把心智完全等同于脑，而让心智延伸到身体的其他部分，那么从功能主义的角度分析心智就更为困难。然而补偿却是丰厚的。我们的控制系统与轮船或其他人造物不同，非常不密闭。这个事实允许我们的身体本身积累很多“我们”在日常决策过程里用到的智慧。这里说的身体本身有别于它们所包含的神经系统。尼采在很早以前就看到了这一点，并在《查拉图斯特拉如是说》（*Thus Spake Zarathustra*）中标题十分贴切的《论身体的蔑视者》（*On the Despisers of the Body*）一篇，以他特有的生动笔触再现了这种场景：

“我是身体，也是灵魂。”小孩子如是说。而为何大人不能像孩子那样说话呢？

可是，觉醒者和智者说："我完全就是身体，别的什么也不是；灵魂只是身体某一部分的名称。"

"身体是一个庞大的理性，是只有一个意义的多元体，是战争与和平，是羊群与牧羊人。我的兄弟，你称之为'精神'的小小理性，也是你身体的一个工具——你那庞大理性的小小工具与玩具……我的兄弟，在你思想与感情的背后，站着一位强大的统治者，一位不为人知的哲人，他名叫自我。他住在你的体内；他就是你的身体。你的身体比你最好的智慧更具理性。"

进化让信息在每个生物体身上的每个地方体现出来。鲸须体现鲸所吃的食物以及鲸从中得到食物的那种液体介质的信息。鸟的翅膀体现翅膀能起作用的那种介质的信息。更明显的是，变色龙的皮肤携带着它所处环境的信息。动物内脏与内分泌系统体现其祖先生活过的那个世界的大量信息。这样的信息完全不必复制到脑，不必以神经系统中的"数据结构"来"表示"，却可以为神经系统所利用。而神经系统的设计使它既可以依赖或者利用四肢与眼睛所体现的信息，可以依赖或利用内分泌系统中的信息。所以，有的智慧，特别是关于偏好的智慧，体现在身体的其余部分。通过把各种原有的身体系统当作某种决策咨询人、积极响应的听众或者评论家，中枢神经系统可以被或温柔或粗暴地引导着做出明智的决策。这实际上就是让身体来投票。为可怜的老笛卡尔说句公道话，我们应该指出他至少朦朦胧胧地看到了身体与心智联合的重要性：

> 自然也用疼痛、饥饿、干渴等感觉告诉我，我不仅像水手在船上一样存在于身体之中，我还与身体紧密相连，并且混在一起，如此紧密以至于我和它合二为一。（第六个沉思）

当一切顺利时，和谐居于统治地位，身体里的各种智慧来源相互协调为整体的利益服务。不过那些让我们惊呼“我这身体有它自己的心思了！”的冲突，我们都太熟悉了。显然，把身体所体现的部分信息聚合成单独的一个心智这件事，有时候挺诱人的。为什么呢？因为这样的组织方式使它有时候能够和你的心智相匹敌，带着几分独立意味，进行分辨、商讨、决策及施行。这种时候，从笛卡尔式的角度把自我看作一个艺人，拼命地想控制住身体这个无法无天的木偶，就特别有效。

你的身体能把你想拼命隐瞒的秘密原原本本地泄露出来，最常见的就是脸红、发抖或出汗。它不顾你那周详的计划，“决定”该马上做爱，而不是理智地讨论，然后就开始令人尴尬地着手准备一场“政变”。还有一次，你更恼火，更失望。你努力动员它为你的一场性爱帮忙，而任你提高音量、想方设法，尝试各种滑稽可笑的招数来游说，它依然毫不理会。

可是，如果我们的身体已经有了自己的心智，它们为何还要去获取额外的心智——我们的心智呢？难道一个身体有一个心智还不够吗？嗯，不是总能够用。正如我们已经看到的，几十亿年里，在维持身体机能这一点上，基于身体的老式心智很可靠，但是速度相对缓慢而且辨别能力也相对原始。它们的意向性是短暂的，容易上当受骗。为了更老练地与世界打交道，需要召唤一个速度更快、看得更远的心智，能够产生更多与更好未来的心智。

KINDS
OF
MINDS

04

心智的进化过程与关键节点

认知能力的进化经历了哪几个阶段？

什么是达尔文式造物？

什么是斯金纳式造物？

什么是波普尔式造物？

我们的心智配方中都有哪些配料？

认知能力进化的三个层级[①]

要在时间方面看得更远，得先在空间方面看得更远。最初的内部与外围监控系统慢慢进化成了近端以及远端判别系统。这就是知觉的由来。对气味的知觉，即嗅觉，靠的是本地锁的预兆钥匙从远处飘然而至。由于随机扩散与蒸发，这些预兆的运动相对缓慢、易变且不确定。因此，它们从何而来的信息就很有限。听觉靠的是声波冲击系统的传感器，而且由于声波的通路更迅捷更规则，所以听觉更近似于“超距作用”。但声波的偏向或反弹会使人弄不清声音的源头。视觉则依赖于世间万物反射出的速度更快、路径都是绝对直线的光子。这样，只要有形状合适的小孔和透镜，生物体就能获得远处各种事件和表面的即时高保真信息。这种内部意向性到近端意向性再到远端意向性的转换是如何发生的？进化创建了专门的大量内部能动体来接收身体周围可获得的信息。照在一棵松树上的光与照在

① 本节选自《达尔文的危险观念》，有改动。

一只松鼠身上的光，其编码信息同样多，而松鼠配备了数百万个信息搜寻微能动体，专门用来接收甚至寻觅和解释这一信息。

动物不只包含食草动物和食肉动物。用心理学家乔治·米勒（George Miller）发明的新词来说，还有信息动物。它们的认知饥渴来自几百万个组织精巧的微能动体特定认知饥渴的总和，而这些能动体又由几十、成百乃至上千个子系统构成。可以把每个这样的小小能动体都想成极小的意向系统，它们一生的使命就是一遍又一遍地询问同一个问题“我的信息现在进来了吗？”“我的信息现在进来了吗？”，而一旦答案是“进来了”，它们就会立即开始有限但适当的行动。没有认知饥渴，就没有知觉，没有领会。

哲学家经常想把知觉分成“给定”（Given）和此后心智对给定进行的处理。当然，给定必被接受，但是接受给定的动作却不是由位于动物大脑中枢的一个总接受者完成的。接受的任务分配给了组织起来的全部接受者。接受者不只是视网膜上的视杆细胞与视锥细胞、鼻腔上皮的专职细胞等外围传感器，也包括所有等待这些外围传感器馈送信息的内部成员，也就是那些遍布脑内连成网络的细胞和细胞群。馈送的模式不是光或压力，比如声波压力和触觉压力，而是神经元脉冲。不过，除了馈送内容有所不同，它们所起的作用是相似的。所有这些能动体如何组织起来，形成能够维持更多复杂类型的意向性的更大系统呢？当然是通过自然选择的进化过程，当然这并不是一蹴而就的。

我想要提出一个框架，用来放置大脑的各种设计选择，以了解它们的威力究竟从何而来。这是个极其简化的结构。不过，理想化正是人们为了一览全局而应该愿意付出的代价。我把这个结构叫作“生成－检验塔”（Tower of Generate-and-Test）。塔的层级越高，对应的生物体越有能力找到越来越好的招数，找到这些招数的效率也越来越高。

接下来，就可以用一系列的步骤来代表生物体越来越强大的产生未来的能力。几乎可以肯定，这些步骤并不代表进化史上那些已经明确界定的转换阶段，因为毫无疑问，不同种系的步骤是相互交叉且不一致的，但生成－检验塔的各层级标明了认知能力的重要进展，而我们一旦看到每一阶段若干精彩之处的大体轮廓，就更容易理解其余的进化步骤了。

首先是达尔文提倡的通过自然选择进行的物种进化。通过比较随意的基因重组与突变过程，各种候选生物被盲目地创造出来。这些生物经过实地检验，只有最佳设计得以幸存。这是塔的最底层。我们就把那里的居住者称为达尔文式造物吧。达尔文式造物的进化过程如图 4-1 所示。

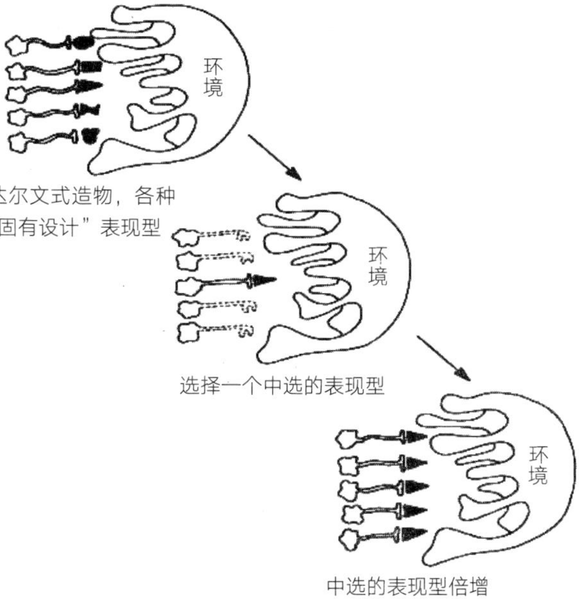

图 4-1　达尔文式造物的物种进化通过自然选择实现

这个过程历经数百万个循环周期，产生出很多设计奇妙的动物和植物。最终，在这些新颖的创造物之中，某些设计有了表型可塑性（phenotypic plasticity）。也就是说，各候选生物体不是一出生就完全设计好的，它们的设计元素可以由实地检验过程中发生的事情加以调整。我们可以假定其中有这样一些候选者，它们比那些达尔文式固有设计型造物的表亲好不了多少，因为它们没有办法挑选自己配有的以供“试用”的行为选项，没办法选择再来一遍。

我们还可以假定，另一些设计幸运地内接了恰好挑中聪明举动（Smart Moves）的“强化器”，做出了对候选生物体更有利的行为。这些个体面对环境就可以生成各种行为，逐个尝试这些行为，直到发现好用的那个。它们只有通过接收来自环境的正负信号，才能检测这些行为是否好用，由环境来调整该行动复用于其他场合的概率。毫无疑问，任何接反了正负强化器效果的生物都注定会灭绝。只有那些生来就拥有合适的强化器的幸运儿才有优势。我们可以把这种达尔文式造物的子集叫作“斯金纳式造物”（Skinnerian creatures）。正如行为主义心理学家 B. F. 斯金纳（B. F. Skinner）指出的那样，这种“操作性条件反射”（operant conditioning）不仅是类似达尔文主义的自然选择，而且是它的扩展：“遗传行为消失时，条件反射过程的遗传可修改性就会接手。”斯金纳式造物的进化过程如图 4-2 所示。

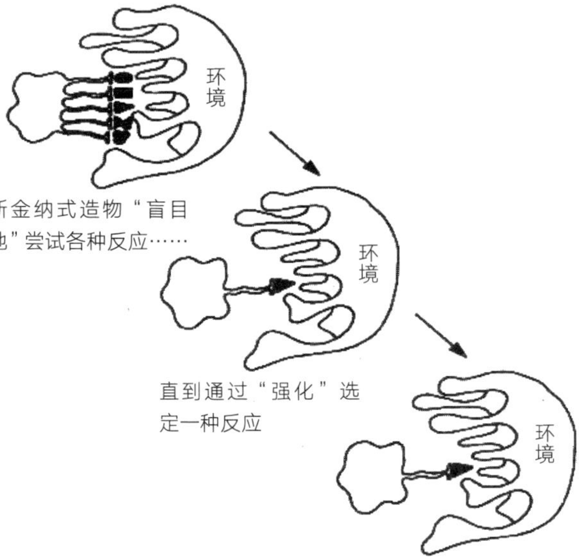

图 4-2　斯金纳式造物“碰运气”的进化过程

20 世纪 70 年代出现的认知革命把统治心理学的行为主义赶下了神坛。此后，人们普遍低估了斯金纳的条件反射过程或该过程的其他表现形式，在将生物的行为能力塑造成具有高度适应性与鉴别力的结构方面，所发挥的强大作用。然而，20 世纪 90 年代兴起的神经网络与“联结主义”研究，再次展示了人们经常意料不到的简单网络的高超技艺，也就是说它们以比较随便的联结方式被创造出来，之后再根据某种简单的“经历”来调整这些联结。这是简单网络强化其经历的过程。

让环境在塑造心智、脑或控制系统方面起到盲目但有所选择的作用，这个基本思想比达尔文还要久远。今天的联结主义者和昨天的行为主义者在思想上的祖先是联想主义者。比如哲学家大卫·休谟（David Hume），在 18 世纪就试图把他称作印象和观念的心智的各部分设想为自组织，没有某个无所不知的主管帮忙。曾有一位学生对我说过这样一句令人难忘的话：“休谟是想让观念自己独立思考。”敏锐的直觉让休谟知道各种印象与观念或许通过一种更像化学键合的过程相互连接起来，而后又怎样在心智里创造出习惯常走之路，但这些直觉太模糊，无法检验。

不过，休谟的联想主义直接启发了巴甫洛夫关于动物行为条件反射的著名实验，而巴甫洛夫的实验又启发了 E. L. 桑代克（E. L.Thorndike）、斯金纳以及其他行为主义心理学家的各种条件反射理论。其中一些以唐纳德·赫布（Donald Hebb）为代表的研究者，试图把行为主义和当时已知的脑知识更紧密地联系起来。1949 年，赫布提出了简单条件反射机制的各种模型，这些机制能够调节神经细胞之间的联结。现在叫作赫布学习规则（Hebbian learning rules）的这些机制及其后代是联结主义变革的动力，是这一传统的最新体现。

有一种简单的学习类型，它的进化模式可以用联想主义（associationism）—行为主义（behaviorism）—联结主义（connectionism）这样的出现顺序和字母顺序来表示。我们不妨将这种简单学习称作 ABC 学习。毫无疑问，绝大多数动物都能够进行 ABC 学习。也就是说，通过长期而稳定的训练或环境塑造，它们终于能够在各种恰当的方向上修改或重新设计自己的行为。这样的条件反射或者训练如何不靠神力得以在神经细胞网络里完成？目前，已经有各种不错的模型从不同的写实程度与详细程度来描述这个过程。

就很多性命攸关的功能来说，ABC 网络是很棒的，这些功能包括模式识别、判别、泛化与运动的动态控制。因为 ABC 网络高效、简洁、性能稳定、容错且较容易随时重新设计。此外，这些网络还生动地体现了斯金纳的观点：自然选择的、遗传给子代的修剪与整形（即你与生俱来的“接线”）与个体之后发生的修剪与整形（即由经历或训练而得到的“重新接线”）没什么区别。天性与教养完全融合在一起。

不过，有一些认知招数是这种 ABC 网络尚未通过训练学会的。更有说服力的批评意见是，有些认知招数显然根本就不是训练的结果。某些动物似乎能够进行“一步到位的学习”（one shot learning），它们无须忍受残酷世界里艰辛的试错过程就能掌握所学内容，而试错过程却是 ABC 学习的基本特征。

只要之前没有哪个错误让你丧命，那么斯金纳的条件反射就是个好东西。而更好的系统是在所有可能的行为或行动中进行预选，以便不必在“现实生活”里冒险尝试，就剔除那些真正愚蠢的做法。人类是能够做到这种特定改进的造物。不过，我们也不是唯一的。我们可以把第三层塔上的受益生物叫作波普尔式造物，因为哲学家卡尔·波普尔（Karl Popper）爵士曾精妙地提出了这样一个观点，他称这种设计提升“让我们的那些假设替我们去死”。很多纯斯金纳式造物得以幸存，仅仅是因为它们的第一步走对了。而波普尔式造物与此不同，它们活下来是因为它们足够聪明，能够走出比撞大运更好的第一步。当然，它们之所以聪明也只是因为幸运，但这也比只是幸运要好。

在波普尔式能动体内，这种预选是如何进行的呢？一定要有过滤器，而这样的过滤器必须接近于某种内部环境，可以安全地在其中进行试验。所谓内部环境就是内部的某种东西被构造起来，从而保证它所偏好的那些行为选项倘若切实执行起来，通常也恰好是现实世界会佑护的行为。简言之，不论内部环境是什么，它都必须包含有关外部环境及其规律性的大量信息。除此之外，没有任何东西能提供值得拥有的预选，除非是魔法。你也可以总是抛硬币或者求神问卜，但这样做和盲目试错没什么两样，除非硬币或神谕已经被掌握世界真实信息的人或物变得可仰赖了。波普尔式造物的进化过程如图 4-3 所示。

最近开发的用于训练飞行员的仿真飞行模拟器，可以体现波普尔观点的妙处。在模拟世界里，飞行员可以学习应对不同危机的具体行动，而不必拿自己的性命或昂贵的飞机冒险。但是，作为波普尔式手法的例子，有一个方面，飞行模拟器会误导人，那就是它对现实世界的再现过于真实了。我们必须小心，不要把波普尔式造物的内部环境完全看作外部世界的复制品，并且具备被复制世界的所有物理偶然性。在这样一个奇迹般的玩具世界里，你脑袋里的小火炉会热到足以烫伤你放在它上面的小指头！

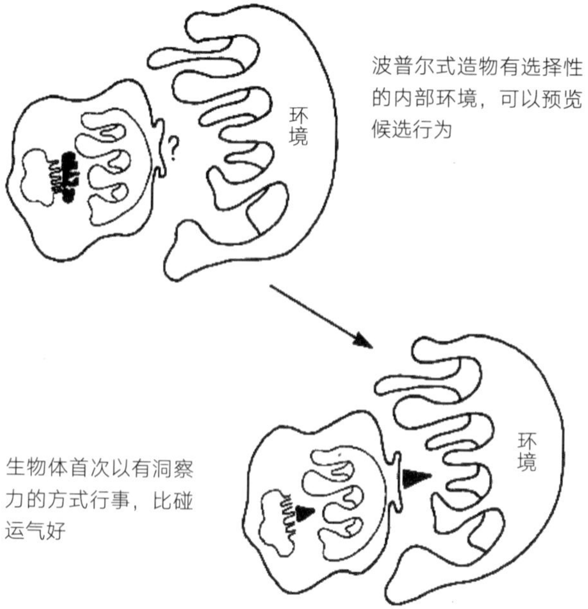

图 4-3 波普尔式造物可以预览候选行为

根本没必要假设这类事情。把手指放在炉子上的后果的相关信息应该包含在其中。而且，当在内部尝试中需要这些信息时，它必须能够产生预警效果。然而，达到这种效果并不需要构造一个真实世界的复制品。毕竟，飞行员培训时，只要阅读手册就能了解进入驾驶舱后可能遇到的所有意外情况。这同样也是波普尔式的。这或许不是那么有效的一种学习方法，但与在空中试错相比要好多了！波普尔式造物的共同点是，信息以遗传或习得的方式赋予生物体，而这些信息都是它们可能会遇到的有关世界的精确信息。这些信息以能产生预选效果的形式存在，而能产生预选效果又是这些信息存在的理由。

波普尔式造物实现有用过滤的方法之一是，将行为选项送到身体的法庭，利用那积累在身体组织里的智慧来判决，不管这些智慧是如何过时或者缺乏远见。如果身体以恶心、眩晕或者吓得发抖等典型反应来反抗，这就是一个好过抛硬币的半可靠信号，说明所构想的行动或许不是个好主意。我们看到在这里，进化并没有给大脑重新接线从而除去这些选择，让它们根本不能被想出来，而只是给有关它们的想法安排一个足够强烈的负冲量，从而使它们极不可能在竞争中胜出，也就不会被实现。作为这一反应基础的体内信息可能是遗传成分，也可能是通过个体的最近经验获得的。

婴儿开始学习爬行时，对爬到一块悬空玻璃上会有一种天生的拒斥，因为他透过玻璃看到的是一个“视崖”（visual cliff）。尽管妈妈在不远处召唤、引诱和鼓励，婴儿仍然吓得向后缩，哪怕他以前从没掉下去过。是祖先的经历让他为了确保安全而犯了错误。一只老鼠在吃了某种新的食物后，随即被注射引起呕吐的药物，此后，如果某种食物的样子和气味像它呕吐之前吃过的那种食物，那么它就会表现出强烈的拒斥。此时，导致它在安全方面犯错误的信息来自它自己的经历。这两种过滤方式都不完美，毕竟玻璃板实际上是安全的，老鼠的新食物实际上是无毒的，但小心驶得万年船。

心理学家与动物行为学家做过不少巧妙的实验，表明动物能够通过很多其他方式“在头脑中”尝试这些行动并由此收获波普尔式的好处。20 世纪三四十年代，行为主义者多次发现实验动物能够通过“潜在学习”（latent learning）了解世界，即在不会因表现好而获得专门奖励时进行学习。行为主义者这一自我反驳的实践本身，最好地体现了另外一个波普尔主题：只有当提出可证伪的假设时，科学才会进步。如果让老鼠探索里面没有食物或其他任何奖励的迷宫，它们不过是在正常活动中学习了解自己的活动路径；然后，如果将某个它们喜欢的东西引入迷宫，先前四处活动已经熟悉了路径的那些老鼠，会比第一次见到此迷宫的对照组老鼠更擅长发现新东西。

这在意料之中。这个发现似乎微不足道。老鼠足够聪明，会去熟悉附近的路。这一点难道不是一直都很明显吗？是也不是。也许看起来很明显，但这恰好是那种以虚无假设为背景的检验。如果我们想要确认各个物种多么有智慧、多么有心智，就必须进行这种检验。我们即将看到，其他很多动物实验又令人吃惊地揭示出它们蠢笨的脾性，以及它们在对周围环境的了解方面存在的让人难以置信的空白。

行为主义者勇敢地尝试过将潜在学习纳入他们的 ABC 模型中。他们最能说明问题的一个权宜之计就是，假定有一种“好奇驱力”，需要通过探索来满足（或者按照他们的说法“削减”）。这样一来，在那些非强化的环境里，强化还是发生了。说起来可真神奇，任何环境里仅仅由于其中有某个要学习的东西，就充满了强化刺激。若是想拯救正统的行为主义，那么这一做法显然是没有意义的。不过，这并不是说这个想法在其他场合也是没用的，它至少承认了好奇（认知饥渴）能够驱动任何强大的学习系统这一事实。

我们人类可以通过 ABC 训练来调节自己的行为，所以说我们是斯金纳式造物，但我们又不仅是斯金纳式造物。我们也受惠于许多源自遗传基因的固有设计，所以我们也是达尔文式造物。但我们又不止于此。我们还是波普尔式造物。那么，还有其他哪些动物是波普尔式造物？又有哪些生物只是斯金纳式造物呢？鸽子是斯金纳喜欢用的实验动物。他和他的追随者们把操作性条件反射的技术发展到相当复杂的水平，可以使鸽子展示出奇异而复杂的习得行为。众所周知，斯金纳主义者从未成功证明鸽子不是波普尔式造物。而对从章鱼到鱼类到哺乳动物的大量不同物种的研究结果有力地说明了，如果确实存在只能进行盲目试错学习的纯斯金纳式造物，那么它们只能是简单的无脊椎动物。巨型海兔，也叫海蛞蝓或海蜗牛，多少已经取代了鸽子，成为简单条件反射机制研究者关注的焦点。

所以说，我们与其他物种的差异并不在于我们是波普尔式造物。恰恰相反，哺乳动物、鸟类、爬行动物、两栖动物、鱼类甚至很多无脊椎动物都展示出在行动之前利用从环境中获得的一般信息，对候选行为进行预分类的能力。有关外部环境的新信息又是如何进入它们脑中的呢？显然是通过知觉。环境里含有极为丰富的信息，超过了“认知天使”用得上的。知觉机制被设计为忽略绝大部分流入的刺激，而专注于最有用、最可靠的信息。当这些行为选项被考虑时，收集到的信息又是如何发挥这种选择的效果，从而帮助动物设计出与其环境进行更有效交互的方式呢？当然有各种各样不同的机制和方法，不过其中有一种方法是把身体当作决策咨询团。

寻找感知：一份进度报告

我们一直在向我们的心智配方里加料。有感知的配料了吗？当然，很多我们描述的动物的日常行为都十分成功地通过了我们对感知的直观检验。看到小狗或者婴儿在视崖边上吓得发抖，或者老鼠闻到它认为有毒的食物的气味时，那一脸的厌恶，我们甚至难以接受"我们看见的不是有感知的生灵"这种假设。不过，我们也有充分的理由对此保持警惕：相对简单的、机械的、显然不像心智的控制系统能够产生特别类似心智的行为，我们已经见到过一些这样的例子。例如，我们对运动的绝对速度和逼真性的本能反应所造成的影响，足以提醒我们可能被愚弄而赋予某个实体以不切实际的精明和理解力。这是真实存在的可能性，而不只是哲学上的可能性。认识到看到的行为不一定靠得住，我们就更能理解有必要进一步追问这些行为背后的原因。

以疼痛为例。1986 年，英国政府修正了保护实验动物的法案，将章鱼加入了不能在无麻醉情况下实施手术的优待动物之列。章鱼是软体动物，从生理上讲更像牡蛎而非鳟鱼，更不要说哺乳动物了。而章鱼以及其他头足纲动物（枪乌贼、墨鱼）的行为如此有智能而且明显有感知，因此科学权威们就决定让行为相似性优先于内部差异：头足纲动物而非其他软体动物被正式认定为能够感受疼痛，以防万一。与此相反，恒河猴在生理与进化上与人类非常接近，我们就倾向于假定它们能够像人类那样感受痛苦，可有时候，它们的行为表现却又与人类大相径庭。

灵长类动物学家马克·豪泽曾在谈话中表示，雄猴们在交配季节会激烈厮打，常常能见到一只按住另一只，再把它的一个睾丸给撕咬下来的场景。受伤的雄猴既不大声尖叫，也没什么面部表情，只是舔舔伤口然后走开。一两天以后，还可以看到受伤的雄猴在与雌性交配！如果遭受同样的伤害，人会感受到巨大的痛苦，以至于一想到这样的事，整个人就瑟瑟发抖。尽管生物上的亲缘关系很接近，人们也很难相信猴这种动物能有丝毫的人类体验。所以，我们不能再指望生理证据与行为证据可以愉快地携手给出明确的答案。因为，在我们已经知道的很多例子里，这两类有说服力但没有结论的证据各执一词。那么，我们要怎么思考这一问题呢？

疼痛的一个关键功能是负强化，就是一种降低重复行为可能性的“惩罚”。任何斯金纳式造物都可以受到这种或那种负强化的训练。那么，所有这种负强化都是疼痛吗？是经历过的疼痛？是否可能存在无意识的或未经历过的疼痛？有些简单的负强化机制提供疼痛引起的行为塑造能力，却显然不产生进一步的心智式效果。所以无论在哪里找到斯金纳的条件反射都唤起知觉，那就错了。

疼痛的另一个功能是中断那些可能加重伤害的正常身体活动，例如，疼痛使动物更加留意受伤的肢体直到痊愈为止。这一般是由自控回路中与神经系统相互作用的大量神经化学物质来完成的。那么，这些物质的出现就保证有疼痛发生了吗？没有，因为这些物质本身只是些钥匙，四处漂浮寻找它们的锁。相互作用的循环一旦中断，就没有任何理由假定疼痛还存在。那么，这些特定的物质对于疼痛还是必要的吗？会不会有锁钥系统不同的生物呢？答案或许更取决于地球生物的进化史，而不是任何物质的内在性质。章鱼的例子表明，我们应该去了解有哪些不同的化学实现方式及其功能区别，而不是去期望这些事实本身来解决我们关于感知的问题。

这个相互作用循环的其他特征到底怎么样的呢？疼痛系统可以简陋到什么程度而仍然会被认为是感知呢？什么与此相关？为什么相关？假如有一只蛤蟆，断了一条腿。它是正在经历疼痛的有感知的生灵吗？它是生物，其组成部分的损坏打断了它的正常生活，让它无法做出捕食行为。而且它还处于一种负强化潜力强烈的状态之中，就是说它容易受到条件反射的影响，从而避免神经系统出现这些状态。该状态由一种相互作用的循环来维持，而这一循环稍微打乱了它跳跃的本性，但在紧急情况时它仍然会跳跃。这一切很容易被看作痛苦。

我们免不了会给蟾蜍加上一段内心独自：它害怕发生危急情况，渴望救助，痛恨自己如此脆弱，痛苦地悔恨导致这一危机的愚蠢行为等。然而，我们所知道的关于蛤蟆的一切都不允许我们将这些心理活动加到蛤蟆身上。相反，我们对蛤蟆了解得越多，就越能肯定它们的神经系统设计决定了它们终其一生都不会有这种昂贵的反思能力。

那又怎么样呢？感知与这些奇特的心智才能之间有什么关系？问得好。不过，这意味着我们必须好好回答它，而不是仅仅把它用作反问来转移人们的疑问。这里正是提问方式可能会造成巨大差异的地方，因为我们可能会在这里走错路，从而提出一个无中生有的问题。怎么做的呢？在加减过程中迷失方向。我们的出发点是寻找 X，那种能区分单纯的敏感性和真实感知的特殊成分，我们从两个方向进行突破。从简单的例子开始，加上每个特性的基本版本，我们往往觉得没有什么值得注意的，尽管每种能力都可以说是感知的某种基本构件，但感知一定不只包括这些东西——机器人完全可以展示出这种能力而无须任何感知！从复杂那端开始呢，从人类自身详尽且充分体会到的经历中，我们意识到其他生物显然缺乏人类的经历中某些独有的特性，所以我们把它们作为非本质特性减掉了。

我们不想对自己的动物表亲不公平。想到疼痛的可怕以及为什么某人是否处于疼痛之中具有重要的道德意义时，我们想到的很多东西都包括想象出来的这些拟人化的附加物。因此，认识到这一点的时候，我们就放心地认定它们只是附加而已，对强大的感知现象以及它在道德上最重要的例子——痛苦而言并不是“必不可少的”。然而，就像两人萍水相逢擦肩而过，我们往往容易忽视这样的可能性：我们在一个方向上所减掉的正是在另一个方向上所寻找的。如果这是我们正在做的，那么确信我们还没有遇到 X（即感知的“缺失环节”）就不过是一种人类自己创造出来的幻觉而已。

我不是说我们正在犯这样的错误，而只是说我们有可能在犯这样的错误。对目前而言，这就够了，因为它转移了举证责任。那么，来思考这样一个感知问题的保守假设：并不存在这种额外的现象。从最简单、最“机器人级”，到极敏感、过度反应的“人级”，一切可以想象的等级或强度都有“感知”。第 1 章中提到，我们确实必须给这个错综复杂的包含各种情况的连续体划出分界线，因为道德原则需要这条分界线。然而，我们会在一个四处都是斜坡的地方发现一扇门，足以迈出道德意义重大的“一步”，这种事情不仅极其不可能发生，而且在道德上也没有吸引力。

我们从这个角度再来看一看蛤蟆的例子。它们属于这条界线的哪一侧呢？如果蛤蟆属于哪一侧对你来讲显而易见，那么请选择任何一种你不太拿得准的生物，蚂蚁、水母、鸽子或老鼠都行。现在假设“科学证实”蛤蟆有最低限度的真正感知，比如说蛤蟆的“疼痛”是它经历过的真实的疼痛，那么它就有资格享受那些有感知者才能享有的特殊待遇。现在反过来，假设在确定了 X 是什么之后，我们搞清楚了蛤蟆其实并没有 X。在这种情况下，蛤蟆的地位就下降了，它成了“纯粹的自动机”，这样一来我们就可以随意处置它而不会受到任何良心的谴责。鉴于我们对蛤蟆已有的了解，难道真有可能存在某种迄今仍未想到的特性，发现这种特性就足以证明我们对它们的态度发生巨大变化是合理的？当然，如果发现蛤蟆的身体里真的住着一些小人儿，就像童话里的青蛙王子那样，我们立刻有了给予它最深切关怀的理由。因为我们知道，尽管行为表现不同，但蛤蟆正在遭受如果发生在人类身上将极为严重的折磨与焦虑。不过，我们已经知道蛤蟆不是这样的东西。

我们被要求去想象存在某个X，虽然它一点也不像困在蛤蟆身体里的人类王子，但从道德的角度来说，这样做是完全有必要的。不过，我们也已经知道，蛤蟆不是简单的发条玩具，而是十分精巧复杂的生物，能够进行各种惊人的自我保护活动，以推进它那注定的使命——繁衍后代。这些难道还不足以引起我们的特别注意吗？我们被要求去想象存在某个X，它与控制结构的这种纯粹的复杂性完全不搭边，却仍然会在我们发现它时左右我们的道德立场。我觉得我们恐怕是被要求一门心思地去寻找某种完全想象不出来的东西。我们还是继续搜寻之路吧，看看会有什么发现。在抵达人类心智之前，我们还有很长的路要走。

关键性飞跃：从向光性到形而上学

一旦我们接触到波普尔式造物——其脑潜能赋予它们在内部环境里进行预选的能力，又会发生什么呢？毫无疑问，会有很多不同的事情发生，但我们只关注能清楚地体现其能力的某个创新。有些纯波普尔式造物继承者的内部环境是由那些外部环境设计的部分决定的。达尔文的一个基本见解就是设计昂贵而模仿设计便宜。也就是说做出一个全新的设计非常困难，而重新设计原来的设计则相对容易。没人能重新发明轮子，可我们也没必要这么做，因为我们从自身成长过程中接触的文化里获得了轮子的设计，以及各种各样的其他设计。

我们可以把这种达尔文式造物的子子子集称为格里高利式造物。英国心理学家理查德·格里高利（Richard Gregory）是我心目中杰出的理论家，因为他提出了信息在创造聪明之举中的作用。他将其中的信息称为“势智能”(Potential Intelligence)，将其中的聪明之举称为“动智能”(Kinetic Intelligence)。格里高利举了一个简单直观的例子：作为精心设计的人造物，剪刀不只是智能的结果而且是智能（外在势智能）的提供者：当你给某个人一把剪刀时，你就提升了剪刀的潜力，它会更有把握、更快地成为聪明之举。人类学家很早就认识到，工具的使用伴随着智力上的巨大进步。野生黑猩猩为了找寻白蚁，会把简陋的钓竿深深插入白蚁的巢穴中，然后飞快拽出满满一竿的白蚁，并将它们从钓竿上取下来送进嘴里吃掉。当我们了解到并非所有黑猩猩都碰巧发现了这一妙招时，这个事实的意义就更为深远。在某些黑猩猩“文化”中，白蚁是一种尚未开发的食物资源。这提醒我们，工具使用是智能的双向标志，识别和维护工具，需要智能，更不要说制造工具了，同时工具也会将智能赋予那些得到了智能的幸运儿。工具设计得越好，其制造过程中嵌入的信息越多，它赋予使用者的势智能也就越多。格里高利还提醒我们，在各种卓越的工具中，有他称为心智工具的东西：词语。

词语以及其他心智工具给了格里高利式造物一个内部环境，让它们能够构造出越来越精妙的行为产生器与行为检验器，如图 4-4 所示。斯金纳式造物问自己："我下一步做什么呢？"却根本不知道如何回答直到它们遭到一些狠狠的冲击才行。波普尔式造物大大前进了一步，在问自己"我下一步做什么"之前，它们先问问自己："我下一步应该想什么呢？"应该强调的是，无论是斯金纳式造物，还是波普尔式造物，实际上都不需要自言自语或思考这些想法。只是它们被设计得好像先问了自己这些问题才采取了行动。在这里，我们看到了意向立场的力量和风险：波普尔式造物比斯金纳式造物更聪明，或者说更诡计多端，原因就在于前者能够对更多更好的信息做出自适应的反应，而我们可以借助那些想象出来的独白，根据意向立场来描述这些反应，虽不严谨却很生动。

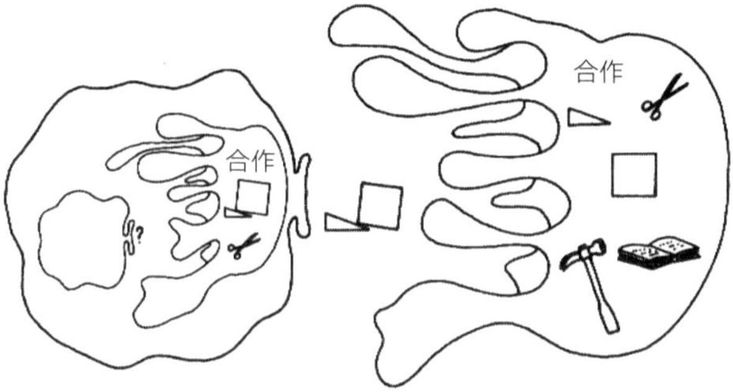

格里高利式造物从（文化）环境导入心智工具，从而同时改进行为产生器和行为检验器

图 4-4 格里高利式造物强调工具的重要性

但是，如果把所有这些微妙之处，还有以人类明确的自我质疑为模型能够真正提出这种问题并给出答案的能力，都赋予这些生物，就是错误的。通过利用他者发明、改进与传播的心智工具里所体现的智慧，从他者的经验中受益，格里高利式造物向着人类心智的机敏程度迈出了一大步。由此，它们学会了如何更好地思考下一步应该想些什么等，从而产生了一座没有固定或清晰界限、更加深入内部的反思塔。要想知道达到格里高利式造物水平的这一步是怎样实现的，最好再回头去看看那些用以构造出大部分人类心智能力的原始能力。

很多物种都有一种增强生命力的最简单策略，那就是向光性，它们能够区分明暗并且趋向光。光很容易传感，并且从光源发射出来后，光线强度随传播距离的增加而递减。如此看来，把传感器与效应器很简单地连起来就能产生可靠的向光性。神经科学家瓦伦蒂诺·布瑞滕堡（Valentino Braitenberg）那本绝妙的小书《车辆》（*Vehicles*）里有最简模型，就是图 4-5 中展示的车。它有两个光传感器。它们的可变输出信号被交叉馈送给两个效应器，可以把这些效应器看作舷外马达。传感的光越多，马达就转得越快。与离光源较远的传感器相比，离光源较近的传感器驱动马达的速度要快一点，这就使车总是转向光源方向，直到最后撞上光源或者紧紧地围着光源转圈。

这种简单造物的世界分为亮、不太亮、暗三级。它可以经历所有三个等级。除此之外任何事情，它都不知道，也不需要知道。对光的识别几乎没有任何限制：只要激发了传感器，不管什么都是光；系统也不在乎返回的是同一束光，还是新的光。在有两个月亮的世界里，你追踪哪个月亮可能会有不同的生态意义，月亮的识别或标识可能是另外一个需要解决的问题。在这样的世界中，只有向光性恐怕就不够了。在我们的世界里，月亮通常并不是造物需要重新识别的对象，母亲才是。

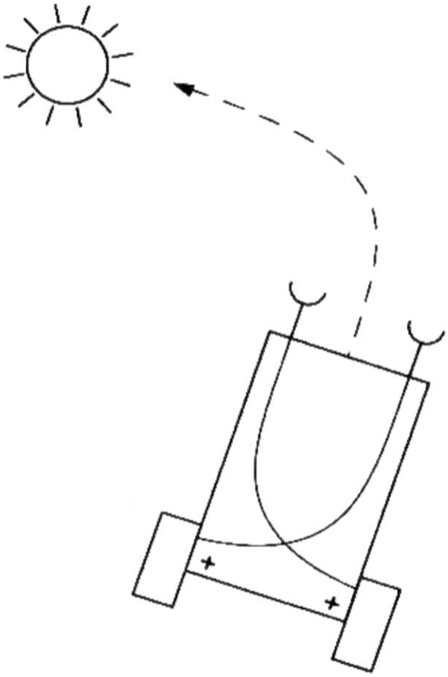

图 4-5 **最简单的传感器和效应器模型证明了造物的向光性**

寻找并奔向妈妈的向妈性，是一种复杂得多的能力。如果妈妈发出一道强光，向光性或许就能办到。可如果附近还有其他妈妈，全都使用这个系统，那就不行了。如果妈妈发出特定的蓝光，和别的妈妈发出的光都不同，那么在你的光电传感器上加一块只让蓝光通过的滤光片，就能很好地办到。大自然经常采取类似的原则，但使用的介质更节能。妈妈发出某种特有的气味，与周围的其他气味都不同；通过气味传感，即嗅觉，就实现了向妈性，也就是再认并奔向妈妈。通过周围的空气或水等介质扩散时，气味强度随分子钥匙浓度的变化而变化。因此，传感器可以是把形状合适的锁，通过某种类似布瑞滕堡小车那样的设计来追踪浓度等级。这种嗅觉特征是古老的，也是有效的。在人类身上，虽然已经被成千上万的其他机制所掩盖，但它们的基础性位置仍然清晰可辨。正如马塞尔·普鲁斯特（Marcel Proust）所指出的那样：尽管我们历尽世事，气味仍然以我们意识不到的原因与方式打动我们。①

在另一种介质中，这项技术也遵循了同样的设计原则：EPIRB（Emergency Position Indicating Radio Beacon，紧急无线电示位标）是一种独立的、电池供电的无线电发射器，它以特定频率反复发送某种特征信号。你可以在船用五金店买一个，然后把它放在你的帆船上。要是遇险了，就打开它。一个

① 气味并不仅仅用于识别信号。它们经常在吸引配偶，甚至抑制对手的性活动或性成熟方面发挥重要作用。从嗅球传来的信号经过丘脑，再到达脑的其他部分。所以，与视觉、听觉甚至触觉产生的信号不同，嗅觉命令直接到达控制中心，绕过了很多中介。这条更直接的通路很可能有助于解释某些气味对我们具有的强制性、近乎催眠的力量。

全球范围的追踪系统立刻感知到你的 EPIRB 信号，在电子地图上用光点标示出位置，并在庞大的特征表格里查找你的船的特征，由此识别出你的小船。由于这种标识方式增加了冗余性，因此搜救工作就大大地简化了：无线接收器（传感器）可以在看不见的情况下寻找并对准信标，但当营救人员靠近时，如果他们知道在用眼睛寻找的是一条黑色拖网渔船、一艘深绿色帆船还是一只亮橙色的橡皮筏，就会有很大帮助。还可以引入其他感觉系统，使接近目标船的最后阶段速度更快且更不易受 EPIRB 电池耗尽等干扰。

在动物界，气味追踪并不是向妈性的唯一介质。动物行为学家康拉德·劳伦兹（Konrad Lorenz）对幼鹅与幼鸭“印刻效应”的开创性研究清晰地表明，视觉和听觉特征也是介质：如果没有一出生就印刻上妈妈的正确特征，它们就会盯上第一眼看到的体型较大的移动物体，此后就把它当作妈妈。

相当长的一段时间里，只要能动体需要追踪、识别、再标识某个特定实体，这个特定实体通常是另一个能动体，比如妈妈，这时，信标及其相应的信标传感器就是设计得很好的解决方案。你只要预先把信标安装在目标上，然后就可以让它四处漫游（你把防盗无线电信标藏在车里，要是车被盗，就可以遥控打开它，这就是个最近的例子）。不过，这种设计同样也是有代价的。其中最明显的一点是，敌友双方都可以利用追踪机制来对准目标。例如，在子代尽力保持和妈妈的联系时，捕食者的嗅觉和听觉通常也被调到了同样的频道。

气味与声音的散播范围难以被发送者所控制。实现更具选择性的信标效果的一种低能耗方法是，将一个含有某种色素的特殊蓝点放在妈妈身上，让反射的阳光形成一个信标，只在世界某些特定区域可见，而妈妈又可以走到阴影里，轻易地将其隐去。这样一来，子代就可以在蓝点可见的时候跟随妈妈。不过，这种装置需要更为复杂的感光机制：如一只简单的眼睛，而不仅仅是一对感光元件。

与某个具有极其重要的生态意义的东西（比如妈妈）保持可靠密切接触的能力，并不需要把该物体想象为某个来来回回持续存在的特定实体。正如我们刚刚看到的，可靠的向妈性可以用一堆简单的招数来实现。在简单的环境里，这种能力通常是稳妥可靠的。但是，装备了这么简单的系统的生物很容易被“愚弄”。而且被愚弄时，它只是向着厄运辘辘前行，完全不知道自己的愚蠢。在这样的情况下，系统还不需要为其记录成功或反思成败条件的能力。那是以后才有的、昂贵的附加组件。

在协作式追踪（cooperative tracking）中，目标提供了方便的信标，从而简化了追踪者的任务，这是朝竞争性追踪迈出的一步。在竞争性追踪里，目标不仅不提供独特的信标，反而竭力隐藏，使自己难以追踪。捕猎者就发展出通用的全面追踪系统来反制猎物的这一招。这样的系统可以把值得追踪的事物暴露出来的任何特征转化为某种专用临时信标，即“搜索图像”。这些搜索图像由捕食者的一组特征检测器为“实时”目的而建，用于时时刻刻关联目标特征，并随目标变化进行修改和更新，从而将瞄准十字线始终对准选中的对象。

这种追踪方式不需要对目标进行分类，认清这一点很重要。设想一只原始的眼睛，由几百个感光元件排列组成，这些元件由将光反射至其表面的东西触发，传感出不断变化的像素图样。这种系统能轻易传达下面一类信息：“X，导致像素簇出现的那个目前正被调查的东西，刚刚闪到右边去了。”它没必要用这么多词来传达这条信息，这个系统完全不需要什么词或符号。因此，这种系统所做的唯一识别就是一刻不停地对其所追踪的东西进行那种已经退化的或最低限度的再识别。即使如此，依然容许变化与替换。像素簇在相对静止的背景下移动，自身的形状与内部特征逐渐变化，不过只要不是变得太快，就能被追踪到。似动现象（phi phenomenon）中，闪光序列被视觉系统不由自主地解释为运动物体的轨迹，这正是人类视觉系统中这一先天机能的生动写照。

X在一棵树后面短暂消失时，会发生什么？简单的做法是保持最新版搜索图像不变，然后随机扫描，希望能够在这个临时信标重新出现时，再次锁定它。当然，前提是它会再次出现。你可以把搜索图像对准该临时信标最有可能再次出现的地方，来提高概率。你也可以对该信标的旧轨迹进行采样，然后在其延长线上得到它最可能出现的位置，这比抛硬币更准确。这样就得到了创造未来的例子，当然是以一种极其简单、极其普遍的方式创造未来。同时，这也清晰地展示了意向性之箭瞄准某个不存在而又符合合理预期的目标的场景。

这种跟另一物体“保持联系”的能力，也就是在可能的情况下，真正触摸并操纵它的能力，是高质量感知的先决条件。例如，如果某个特定的人或物体的图像没能在眼球高分辨率的中央凹上保持足够长的时间，那么视觉识别几乎就是不可能的。所有处于认知饥渴中的微能动体都需要时间来完成馈送和组织。因此，有能力对我现在正在视觉追踪的某个特定物体的信息保持聚焦，是形成对该物体的识别描述的前提条件。[1]

要想最大限度地保持或者恢复与被追踪实体的联系，可以依靠多个独立系统。每个系统都可能出错，但其能力范围部分重叠。一个系统顶不住的地方，其他系统就来接替，于是个别元件断续运作，追踪结果往往流畅而连续。

这些多系统是如何联系起来的呢？可能性有很多。如果你

---

① 我觉得在那个原本不太可能成功的、把信念分为从物（de re）与从言（de dicto）的哲学主张里，“追踪高于描述”这点算得上一丝真理的微光。按照这个主张，从物信念以某种方式“直接”关涉其对象，而从言信念要想关涉其对象，只能通过表述（dictum）的调节，而表述就是某种自然语言或某种“思维语言”中的一个限定描述（definite description）。二者的截然不同据说可用下面两种相信之间的区别来说明：相信“那边的那个家伙汤姆是男的”与相信“无论寄这封匿名信给我的人是谁，他都一定是男的”。在前一个例子里，意向性被认为更直接地以一种更原初的方式锁定对象。然而，正如我们已经看到的，哪怕是在最直接与最原始的感知追踪的例子中，我们也可以把它们用从言的方式改写出来，比如导致像素簇出现的那个目前正被调查的 X，刚刚闪到右边去了，以此表明促成这种近似最直接关涉的调节机制的某个特征。从物与从言之间的区别在于说话者的视角或强调的内容不同，而不在于现象本身。这一点详见作者于 1982 年发表的《超越信念》（*Beyond Belief*）一文。

有两个感觉系统，你就可以用一个与门（AND-gate）把它们连接起来：要使能动体做出正响应，这两个系统必须由各自的输入打开。与门可以由任何介质实现。它不是一个东西，而是一种组织原则。打开保险箱或者发射核导弹必须同时转动的两把钥匙，就是用与门来连接的。当你把花园水管与水龙头连接起来，并在另一头装上可控喷嘴，这两个“开－关”阀门就由一个与门连接起来。只有当它们两个都打开时，水才会流出来。你还可以用一个或门将两个感觉系统连接起来：只要两者中任何一个接通，或A或B或两者同时，就可以引起能动体的正响应。或门可以用作更大系统里的备份或备用子系统：如果一个单元失灵了，备用单元的活动就足以保障系统的运行。双引擎飞机通过或门来连接引擎：两者都正常工作也许最好，紧急情况下，一个也够用。

随着你加入更多的系统，中间连接它们的可能方式就大大增加了。举例来说，如果系统A是开，B或者C也是开，系统就做出正响应。否则，系统B与系统C必须都是开，才会产生正响应。这相当于按少数服从多数的原则把这三个系统连接起来。如果3个中有两个是开，而不管是哪两个，整个系统就进行正响应。将系统与与门、或门，以及将系统的输出加以反转，把开变成关或反过来的非门，连接起来的所有可能方式叫作这些系统的布尔函数。19 世纪的英国数学家乔治·布尔（George Boole）首先提出用形式化的“与”“或”“非”这些逻辑运算符来对它们加以精确描述。不过，系统也可以采用非布尔的方式混合其效果。我们完全可以让各个系统与行为的联系保持各自独立且连续可变，让外界来提取由全部活动所导致的行为结果，而不是把所有贡献者带到中心投票点，给每个贡献者一票的投票权，让它们选择是或否、开或关，从而将它们对系统行为的贡献限定为单一决策点，即所有布尔连接的总体效应。

有两个交叉连线光传感器的布瑞滕堡小车，就是一个非常简单的例子。左转或右转的“决定”来自两个传感器 - 马达系统贡献的相对强度，但这种影响并没有被有效或有用地表示为传感器各自“参数”的布尔函数。原则上，任何这类系统的输入 - 输出行为都可以用其组成部分的布尔函数来近似表达，并进行适当的分析，但这种分析技巧可能无法揭示这些关系的重要性。例如，把天气视为布尔系统在原则上是可能的，但实际上并不可行，而且信息量不足。

给一个生物体安装几十、几百乃至成千个这样的线路系统，就能可靠地操控各种复杂的生命保护活动，而发生在生物体内部的任何事情都无须看起来像是在思考特定想法。存在大量看起来似乎在决策、似乎在识别、似乎在捉迷藏的活动。尽管以这种形式装备起来的生物体可能会存在多种多样的“出错”方式，但也绝不会把某个假命题表征出来，然后再把它看作是真的。

这种结构能有多大的适用性呢？很难说。研究人员最近设计并检验了人工控制系统，这些系统产生了我们在相对简单的生命形式中，如昆虫和其他无脊椎动物中，观察到的许多引人注目的行为模式。所以，即使还不知道如何具体设计一个具有所需复杂性的系统，人们还是愿意相信这些生物所有惊人复杂的日常活动都可以由这样一种体系结构来掌控。毕竟，昆虫的脑里可能只有几百个神经元，却已经能够监督其与周围世界进行非常复杂的互动活动了。正如进化生物学家罗伯特·特里弗斯（Robert Trivers）所述：

> 种植菌类的蚂蚁从事农业活动。工蚁切下叶子，搬回蚁穴，做成培养基，再把菌类种在上面，用自己的排泄物为它们施肥，把竞争物种拖走剔除，最后，收获菌类的某个特别部分，作为自己的食物。

再来看看鱼类和鸟类那冗长繁复的交配与抚育仪式。每一个步骤实施前都有必须满足的感官需求，然后在自身适应性的引导下通过充满障碍的场地。这些错综复杂的动作是如何控制的呢？通过不厌其烦地改变实验中生物体可用的信息源，生物学家已经确定了很多被用作引导线索的环境条件。可是，仅凭这些还不能确定生物体会选择哪些信息。下一项困难的任务是弄清它们那小小的脑子到底是怎么设计的，能把信息敏感性利用得如此充分。

如果你是一条鱼或者一只螃蟹，而你有一个在海底建造一个卵石窝的计划，那就需要一个卵石探测装置，再有一种找到回窝之路的方法，这样你才能把已经找到的卵石存放在适当的地方，然后再次出发寻找。然而，这个系统不必万无一失。除非是聪明的人类实验者对你产生了兴趣，否则在你外出搜寻材料时，一座假冒的卵石窝就这样神不知鬼不觉地建了起来，顶替了你自己搭的窝，这种情况不太可能发生。所以，你大可将再识别标准定得很低端且成本不高。如果“再识别”中发生错误，你可能会毫不间断地继续建造，不仅被诡计所迷惑，而且完全不能识别或者明白这个错误，一点也不会觉得有什么不对劲。反之，要是你碰巧配了一个备份的窝巢再识别系统，而且假冒的窝没有通过这个备份的检验，那你就会陷入混乱之中，一个系统牵着你向东，另一个系统牵着你向西。这样的冲突确实会发生，但是，当生物体狂乱地冲来冲去时，追问“它现在究竟在想什么？它那困惑状态的命题内容是什么”则毫无意义。

像我们这样的生物体，装备了多层的自我监控系统，能够检测出这些冲突并在它们出现时进行调解，有时候这个系统对于究竟犯了什么错误一清二楚。而替身综合征（Capgras delusion）则是一个令人不安的例子。这是人类脑损伤者偶尔会表现出的一种奇特的病症。其基本特征是患者确信某个熟人，通常是所爱的人，被一个替身取代了，而这个替身看起来、听起来、做起事来都像那位神秘消失了的真正伴侣。这一惊人现象应该会震惊整个哲学界。哲学家们提出了很多误认的夸张例子来说明他们的各种哲学理论，哲学文献里充斥着奇妙的思想实验，包括间谍与凶手的化名旅行，最好的朋友装扮成大猩猩以及失散多年的同卵双胞胎等，而现实生活中的替身综合征却至今没有引起哲学家们的注意。这些病例最令人惊讶的地方，不是当事人有瞒天过海的伪装或者患者看得不够仔细。即使经过患者仔细地检查，甚至所谓的冒充者当面请求患者加以识别，患者的幻觉也仍然存在。

替身综合征患者非常确信这些外貌相似的冒牌货想要鸠占鹊巢，过上绝不属于他们的生活，现在已经知道有患者谋杀配偶的事情！无疑，在这种悲惨的情形中，该患者把某些非常具体的非同一性命题认定为真：这个男人不是我的丈夫；这个男人与我的丈夫的性质完全相同，但他仍然不是我的丈夫。我们特别感兴趣的是，受到幻觉折磨的人们并不能说出他们为何如此肯定。

神经心理学家安德鲁·杨（Andrew Young）于 1994 年提出了一种巧妙而合理的假说来解释哪里出了问题。他对比了替身综合征与另外一种由脑损伤引起的奇特病症——面孔失认症（prosopagnosia）。面孔失认症患者无法识别熟悉的人脸。他们视力可能很好，可连最亲密的朋友也认不出来，必须得听到对方的声音才行。在典型的实验里，他们会看到若干照片，有些是不认识的人，其他则是家庭成员或者名人，如玛丽莲·梦露、约翰·F. 肯尼迪。当被要求选出熟悉的面孔时，他们就像是随机做的选择。但 10 多年来，研究者们一直怀疑，尽管面孔失认症患者的表现很糟糕，但是他们身上仍然有某种东西正确认出了家庭成员与名人，因为他们身体对这些熟悉面孔的反应是不同的。如果看着认识之人的照片选名字，当受试者从若干候选名字中听到正确的名字时，他们的皮电反应会明显增强。皮电反应就是对皮肤导电性的测量，也是“测谎仪”的主要测试手段。

安德鲁·杨和其他研究人员通过这些结果得出的结论是，一定存在着两套或更多面孔辨认系统，在那些表现出上述反应的面孔失认症患者身上，其中一套得以保留。这一系统仍在正常工作，只不过是悄悄进行，基本未被注意到。安德鲁指出，现在可以假定替身综合征患者的能力损伤正好与此相反：外显的、意识参与的一个或多个面孔识别系统能正常工作，所以替身综合征患者同意“冒充者”确实看起来和他们所爱的人一样，但是通常在这种情况下会投下令人安心的赞成票的内隐系统却因受损而沉默了。对身份识别的这一微妙贡献的缺失让人如此不安，感觉“少了点什么”。这相当于对仍然正常工作的外显系统投出的赞成票的搁置否决，结果就是患者发自内心地确信自己看到的是一个冒充者。他们不是去责备有毛病的知觉系统的不一致，而是以一种不切实际、非常荒谬的方式责备世界。结果是他们几乎不会怀疑受损系统在正常情况下所具有的力量（相当于政治权力）。当这个特定系统的认知饥渴得不到满足时，它会大发雷霆，从而推翻其他系统的贡献。

在懵懂的螃蟹与犯奇特错误的替身综合征患者之间，还存在很多中间状况。一只狗能不能再认出它的主人呢？按照荷马的说法，奥德修斯[①]在外漂泊20年后辗转回到伊萨卡时，尽管乔装成衣衫褴褛的乞丐，他之前养的那条老狗阿尔戈斯还是认出了他。它摇动尾巴，垂下了竖起的耳朵，然后死去了。不要忘了，奥德修斯也悄悄抹去了眼角的泪水。正如一只螃蟹有理由努力追踪自己的窝的标识，在狗的世界里，除了许多其他重要的事情，狗也有理由努力追踪它的主人。再识别的原因越紧迫，避免错误的回报就越高，因此，对感知和认知机制的投资得到的回报也就越多。

事实上，高级学习依赖于先前的识别与再识别能力。举个简单的例子，假设一条狗星期一、星期三、星期五看到的奥德修斯是清醒的，而星期六看到的是他喝醉的样子。从这一系列经历中，可以按照逻辑得出若干结论：既有醉汉，也有清醒的人；那个人某天可以喝醉，另一天清醒；奥德修斯就是一个这样的人。狗不可能，在逻辑上不可能，从这一系列不同经历中，了解其中的第二个和第三个事实。除非它有某种可能是错误的，但可依赖的办法，能够把不同经历里的两个人再识别为同一个人。从下面这个奇怪的事实，我们能够看到同样的原理

① 古希腊神话中的英雄，对应罗马神话中的尤利西斯。——编者注

另外一种更富有戏剧性的应用：按照逻辑，你不能通过照镜子来了解自己的长相，除非你有其他方法能识别出你看到的脸是你自己的脸。没有这种独立的标识，你就不能通过照镜子来发现自己的长相，正如你不能通过看一张碰巧是你自己的照片而发现自己的长相一样。

与螃蟹相比，狗所生活的行为世界要丰富复杂得多，充斥着阴谋诡计、虚张声势和乔装打扮，因而拒绝误导性线索会带来更多的好处。但同样，狗的系统不必万无一失。如果狗犯了一个识别错误，无论是过度拒斥，还是过度认同，我们可以把它定性为一个识别错误的案例，而不必得出“狗有能力思考这样的命题”这种结论，因为它表现得好像它相信这个命题。故事里，阿尔戈斯的行为很感人，但我们不能让感伤影响我们的理论。阿尔戈斯也许还喜欢秋天的味道，每年当成熟水果的第一缕香气飘进鼻孔时，它也许会做出快乐的反应，但这并能说明它能够区分反复出现的季节类型，比如秋天，以及重复出现的人，如奥德修斯。对阿尔戈斯来说，奥德修斯是否只是一堆组织好的使其愉悦的气味与声音、视像与感觉呢？好似一个（20年没有过的！）不规律重现的季节，在此期间，某些特定行为更受到偏爱？它是一个通常很清醒的季节，但也有一些实例证明它喝醉过。

从我们那独特的人类视角可以看出，阿尔戈斯在这个世界上的成功，通常取决于其行为与能动体行为之间的相似程度，这个能动体要像成年人类，能清楚地区分不同个体。所以我们发现，在从意向立场来解释阿尔戈斯的行为时，如果我们相信阿尔戈斯能区分奥德修斯与其他人、狗中的劲敌和一般的对手、羊羔与其他动物、伊萨卡与其他地方等，那么阿尔戈斯的行为就更说得通。但是，我们会发现这种表面的理解暗藏着惊人的空白，对这一点必须要有思想准备，这种空白是拥有概念体系的人类难以想象的，因而也完全不能用人类语言来表达。

有关宠物拥有智力的故事几千年来已司空见惯。古代的斯多葛学派哲学家克利西波斯（Chrysippus）就提到过一只狗，它能够做出如下的理性壮举：走到三岔路口，它嗅了嗅岔道 A 和 B，而没有嗅岔道 C 就沿着 C 跑走了，因为它推断出如果在 A 与 B 上没有气味，猎物一定是沿着 C 跑掉了。人们不太喜欢讲述自己宠物那令人大跌眼镜的愚蠢故事，而且当他们自己发现宠物的能力存在差距后，他们抗拒这种结果。狗儿真聪明，可是在绕着一棵树或一根路灯柱跑的时候，它能够想出如何解开缠上的皮带吗？对狗来说，这个智力测试看似不公平，但与下面这两个测试相比的话，它就很公平了。

这两个测试是测试诗歌里反讽的敏感性和对热传递性的理解：如果 A 比 B 暖，B 比 C 暖，那么 A 比 C 暖还是冷？但是很少甚至根本没有狗能够通过这个测试。而海豚尽管很聪明，却想不到自己可以很容易跳出周围的金枪鱼渔网，而到达安全的地方。这很奇怪，跳出水面对它们来讲并不是什么难办到的事，因此它们的愚钝更加引人注目。研究人员经常发现，你越是深入研究非人动物的能力，就越可能发现它们的能力存在着令人意想不到的缺漏。动物将其智慧的特定利用加以推广的能力是极为有限的。切尼（Cheney）与赛法思（Seyfarth）在《猴子如何看待世界》（*How Monkeys See the World*）一书中，在介绍长尾黑颚猴心智的研究中，对这种模式的描述让人大开眼界。

由于人类特有的反思能力所赋予我们的特殊视角，我们发现追踪失败的能力远非其他生物所能及。假设汤姆多年以来一直随身带着一枚幸运硬币。汤姆没有给硬币取名字，不过我们可以把它称作艾米。汤姆带着艾米去了西班牙，在睡觉的时候把它放在床头柜上，如此等等。后来有一天，去纽约旅行时，汤姆冲动地把硬币抛到了一个喷泉里，和成千上万枚其他硬币混到了一起。这样一来，不管是汤姆还是我们都完全不能把它和其他硬币——至少是所有那些与艾米有着同样发行时间的硬币区分开来了。而汤姆仍然能够反思这一情况。他能够知道这个命题是真的：那些硬币中有且只有一枚硬币是他一直随身带着的那枚幸运硬币。他或许会对自己无可挽回地失去了某个他多年以来一直能通过某种方法知道其踪迹的东西而感到懊恼，或者感到好玩。假设他从喷泉中拣出一枚艾米的候选者。他能够理解下面两个命题中有且只有一个为真这样的事实：

1. 现在我手中的硬币是我带到纽约的那枚硬币。
2. 现在我手中的硬币不是我带到纽约的那枚硬币。

哪怕无论汤姆还是人类历史上过去与未来的任何人都无法确定哪个命题才是真的，要明白这两个命题中有一个是真的，也不需要绝顶聪明。我们能够形成有关标识的假设，甚至具有在绝大多数情况下进行检验的能力，这对所有其他生物来说都是非常陌生的。很多生物的活动都要求它们追踪并再识别不同个体——它们的母亲、配偶、猎物，它们那一群里的上级与下属，但是，没有任何证据表明当这样做的时候，它们必须明白这就是自己正在做的事。它们的意向性从来没有上升到我们在形而上的特性（metaphysical particularity）方面能够达到的高度。

我们是如何做到呢？思考这些思想并不要求你是绝顶天才，但你必须是心智工具里面包括了语言的格里高利式造物。为了使用语言，我们就必然被专门配备了某些能力，从而能够把这些心智工具从其所处的社会环境里提取出来。

KINDS
OF
MINDS

05

发展心智的工具

思维是否经由自我引导从无到有？

人之为人的关键进化步骤是什么？

人脑与动物脑的关键区别是什么？

发展心智的关键是什么？

有思想的聪明与无思想的聪明

人类发明语言是为了隐藏自己的想法。

——夏尔-莫里斯·德·塔列朗
（Charles-Maurice de Talleyrand）

很多动物躲藏而没觉得自己在躲藏；很多动物结群而没想到自己在结群；很多动物追逐而并没意识到自己在追逐。它们都是神经系统的受益者，它们的神经系统负责控制这些聪明而适宜的行为，而不会让主人的头脑负载起思想、与思想类似的东西，或与我们这些思想者所认为的思想类似的东西。捕食、藏匿、逃亡、结群与离群似乎都属于不涉及思想的机制所管辖的范围。但是，是否存在必须由聪明思想相伴、引导和控制的聪明行为呢？

如果采取意向立场的策略如我所说的那般大有裨益，那么要在动物的心智问题上寻求突破，显而易见的入手点就是那些自身能够对他者以及自己采取意向立场的意向系统。我们要寻找的行为应该对存在于其他动物（假设）的思想中的差异敏感。以前有个行为主义者的笑话，说的是他们不相信有信念，认为没有任何东西能够思考，按照他们的说法，谁都没想法。哪些动物被划定为行为主义者，能够套用“不能形成关于他者之心智”的假说呢？哪些动物是被迫或被允许进入更高的层次的呢？毕竟，让无思想的能动体来发现与操纵其他能动体的思想，这事有点自相矛盾，因此，我们也许能在这里找到一种足以迫使思维发生进化的复杂情况。

思维是否可以通过自我引导，实现从无到有呢？如果你要考虑我的想法，我就要开始考虑你的想法，以便保持平衡。这就好像一场反思的军备竞赛。很多理论家认为这一军备竞赛的某种版本解释了高级智力的进化。心理学家尼古拉斯·汉弗莱（Nicholas Humphrey）在其颇有影响的论文《自然的心理学家》（*Nature's Psychologists*）中指出，自我意识的发展是一种策略，用于发展和检验自己对他人头脑中正在发生的事情的假设。这似乎是一种使一个能动体行为对另一个能动体的思想敏感或进行操纵的能力，自动带来了一种使其自身行为对其自身思想敏感的能力。这或许是因为，如汉弗莱所说，将自我意识作为他者意识假设的来源，也或许是因为养成了对他者采用意向立场的习惯后，就会意识到也可以对自己采用同样的做法，这种做法很有用。或者结合了其中的几个理由之后，采纳意向立场的习惯就扩展到同时包括对他者的解释和对自我的解释。

我在《成为人的条件》（*Conditions of Personhood*）一文中指出，成为人的重要一步是从一阶意向系统迈进到二阶意向系统。一阶意向系统对许多事物都有信念和渴望，却没有对信念和渴望的信念和渴望。二阶意向系统则有对于（自身或他者的）信念与渴望的信念与渴望。三阶意向系统能让你相信它想要什么，而四阶意向系统或许相信你让它相信你相信什么等。我认为，最重要的是从一阶迈进二阶的那一步，更高阶的不过是一个能动体在自己的头脑中同时能容纳多少个信念和渴望的问题；即使是同一个能动体，这也会随情况发生变化。有时候高阶思想很容易变成不由自主。为什么电影里的那个家伙总是努力忍住不笑？放到剧情中就十分清楚了：他的努力说明他知道她并未意识到他已经知道她想让他请她跳舞，并且他想保持这种状态。而在其他一些时候，简单的反复就可能难住我们。你是否确信我想让你相信我想让你相信我现在所说的话呢？

不过，就像我和其他人所主张的那样，如果说高阶意向性是种种心智之间的重要演进，它显然不是我们正在寻找的有思想的聪明和无思想的聪明之间的分水岭。对非人类生物表面上的高阶意向性研究得最多的一些例子，研究的重心似乎仍然是没有反思能力的机敏。以“迷惑性表演”（distraction display）为例，这是在低处筑巢的鸟儿很常见的行为。当捕猎者接近鸟巢时，这些鸟悄悄远离它们那易受伤害的蛋或幼鸟，以最招摇的方式开始表演：假装一只翅膀受了伤，瘫倒在地，无力地扇动着翅膀，发出哀鸣。这通常会引得捕猎者远离鸟巢，进行一番徒劳无功的追逐，总是差那么一点儿，就是抓不住这送上门来的“美餐”。这种行为的自由漂浮原理是很清楚的。按照理查德·道金斯（Richard Dawkins）[①]在《自私的基因》（*The Selfish Gene*）一书中介绍的一种不错的办法，我们可以把其中的原理用假想的独白形式表达出来：

我是一只在低处筑巢的鸟，我的宝宝们无法抵御那些发现它们的捕猎者。估计这个正在接近的捕猎者很快

① 道金斯是牛津大学教授、英国科学院院士、生物学家，被称为“达尔文的斗犬”。他至今仍活跃在文坛上，创作了多部畅销作品，其中《基因之河》中文简体字版已由湛庐策划、浙江人民出版社出版，《科学的价值》中文简体字版也已由湛庐策划、天津科学技术出版社出版。——编者注

> 就要发现它们了，除非我分散它的注意力。我可以利用它想抓住我并吃掉我这一愿望让它分心，但前提是得让它认为自己有足够的胜算（它不傻）。如果我给它证据证明我再也飞不起来了，就会让它相信这点。为此，我可以假装断了一只翅膀……

第 2 章讨论过的那个布鲁特斯刺杀恺撒的例子里，假设布鲁特斯确实经历了为他勾画的独白过程，那么多少合情合理。不过，在正常情况下，一个人再怎么喋喋不休地自言自语，这一独白的很多部分也不用说出来。不过，要是真的认为会有鸟儿进行这样的独白，那也是违反常识的。但是，不管鸟儿能否意识到该原理，那个独白无疑表现出导致该行为的基本原理。动物行为学家卡罗琳·里斯陶（Carolyn Ristau）所做的一项研究表明，至少在笛鸻这一物种里，个体能够极其聪明地控制它们的迷惑性表演。比如，它们会观察捕猎者的视线，如果捕猎者似乎要失去兴趣，就会更加卖力地表演。它们还以其他方式，针对窥探到的捕猎者的某些特征来调整自己的行为。

笛鸻还会根据闯入者的体型与大小进行区分：牛不是食肉动物，不太容易被一顿简单的鸟肉餐所吸引，所以一些笛鸻就用不同的方式来对付牛：又是叫，又是啄，尽量赶走这头畜生，而不是引诱它离开。

野兔显然能够估量接近的捕猎者，比如狐狸，并判断它的危险性。如果野兔确定某只狐狸以某种方式进入攻击距离之内，野兔就会一动不动地蹲伏，指望着能够完全逃脱狐狸的注意，或者蹲下来，借着环境的掩护，尽可能迅速而安静地逃开。但是，如果野兔确定狐狸不太可能追到它，就会做一件奇妙的怪事。它会用后腿直立起来，死死盯着对方！为什么呢？因为它想告诉狐狸应该放弃："我已经看见你了，而且我不怕。不要浪费你宝贵的时间和更宝贵的体力来追我了。放弃吧！"狐狸通常也会做出这样的决定，自己去别的地方寻觅晚餐，留野兔继续进食，野兔就这样节省了自己的体力。

几乎可以肯定，这一行为的基本原理也是自由漂浮。这可能不是野兔自己想出来的策略，也不是野兔能够反思出的策略。被狮子或鬣狗追逐的瞪羚经常也会做类似的事情，那就是腾跃（stotting）。它们跳得极高，显然对自己的逃跑没什么好处，但被设计为向掠食者炫耀自己的超高速："别自找麻烦来追我了。追我的表弟去吧。我跑得太快了，我即使浪费时间和精力做这些愚蠢的跳跃，仍然跑得比你快。"显然这招还真管用，捕猎者通常会把注意力转向其他动物。

其他各种捕猎者与猎物的行为也可以拿来作例子，所有这些行为都有缜密的原理，但很少或根本没有证据表明动物实际上以某种方式向自己表征这些原理。如果认为这些造物是“自然心理学家”（汉弗莱的叫法），它们显然是没有思想的自然心理学家。这些动物并不表征那些与其打交道的动物的心智，也就是说，它们并不需要通过查看另一动物心智内部的任何“模型”来预测其行为，并支配自己的行为。它们有着一个备选行为相当丰富的“清单”，和相当多的知觉线索相连，除此之外，它们没必要知道更多了。

这算是读心术吗？笛鸻、野兔或者瞪羚算不算高阶意向系统呢？这种表面的读心术是如何组织起来的？与后者相比，前者就显得不那么重要了。那么，何时产生了超越这些大清单的需要呢？动物行为学家安德鲁·怀腾（Andrew Whiten）认为，当清单变得太长而难以增补的时候，这个需要就产生了。用逻辑学家的术语来说，这种配对清单相当于各个条件句的合取（conjunction），即“如果－那么”配对：

（如果你看到 x，就做 A）并且（如果你看到 y，就做 B）并且（如果你看到 z，就做 C）……

根据独立条件句的数目，把它们合并为更有组织的对世界的表征可能会更经济。或许在某些物种里（具体是哪些物种，还是有待解决的问题），显式泛化这一高明创新开始出现，它允许在出现新情况时，根据基本原则的要求，将清单拆解并重建。图 5-1 展示了怀腾的内部表征的复杂性，用以说明一个动物对另一个动物所持的特定渴望。

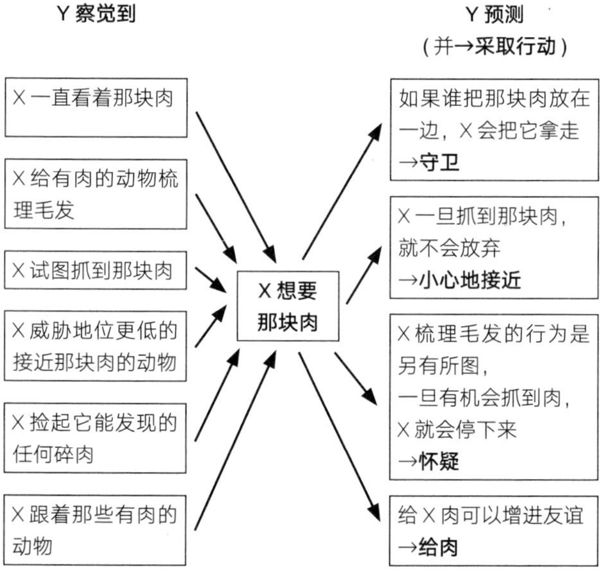

图 5-1　怀腾的内部表征的复杂性

跟前面一样，我们看得到这种合并背后的原理，但这个原理不需要以任何方式被合并者的心智所了解。就算幸运地碰上了这一设计改进，它们也只是受益者，并不理解这种改进的原因和工作机制。可是，这一设计真的是表面看起来的那种改进吗？改进的成本和收益是什么呢？撇开价值不谈，它又是如何产生的呢？是不是在随机而绝望地应对不断恶化的额外问题（为了保持太多条件式规则同时可用）时，有那么一天，它就突然冒出来了呢？也许吧，但还没有人知道一个神经系统能够同时存在的并发式半独立控制结构的可能上限是多少。在具有真正的神经系统的真实能动体中，或许没有任何上限。或许几十万个这样的知觉－行为控制回路（perceptuo-behavioral control circuits）能够在大脑里有效地混合起来。有可能需要多少个呢？

就没有可能存在其他类型的选择性压力引起了控制结构重组，从而产生一种泛化能力作为奖励吗？动物行为学家戴维·麦克法兰（David McFarland）认为，沟通的机会提供了这种设计压力。另外，本章开头引用的塔列朗的那个愤世嫉俗的说法，其实非常接近一个重要的真理。他断言，一个物种里出现沟通时，一味地诚实显然不是最好的策略，因为它太容易被竞争者所利用了。竞争性明显存在于捕猎与猎物之间产生沟通的所有例子中，比如在瞪羚腾跃摆脱对手以及野兔盯视狐狸这两则最小的沟通实践中都能看到。这里也很容易看出虚张声势是如何产生的。在产生未来的军备竞赛里，如果你能产生的有关对手的未来比它能产生的有关你的未来更多更好，你就有了巨大的优势。因此，能动体理应让自己的控制系统神秘莫测。一般来说，不可预测性是个良好的保护特性，决不能浪费掉而应该总是明智地加以利用。

如果把它巧妙地施展出来，提供足够的真相来保持自己的信誉，但提供足够的谎言来保持选择的多样性，那么就能从通信中获益良多。（这是纸牌游戏的首要学问：从不虚张声势的人永远不会赢；总是虚张声势的人永远会输）。要想明白野兔和狐狸在资源管理这一共同问题上的合作关系，同样也很需要想象力，不过，短暂的和平确实对它们两者都有好处。

如果通信是在同一物种成员之间进行的，在这种情况下，扩大合作由此使好处倍增的前景就更明显。在这里，分享食物、分担养育后代和群体防御的开销与风险等事务提供了大量的合作机会，但要想利用这些机会，首先必须满足相应的严格条件。父母之间，或者父母与后代之间的合作不能被认为是天生如此；竞争无处不在的可能性仍然存在于任何表面上互惠的习俗里，这种竞争的背景必须考虑进去。

麦克法兰认为，只有通信方式兼具潜在的合作性和自我保护性的时候，才会产生对个体行为进行显式可操作性表征的需要。因为此时能动体必须能够控制一种新的行为方式，即显式传达一些关于自己其他行为的信息（“我在努力抓鱼”“我在找母亲”“我正在休息”）。面对塑造与执行这样的通信行为的任务，能动体的问题正是我们作为观察理论家所面对的问题的翻版：能动体自己那具有竞争性、增强性、互相交错融合的行为控制线路，应该如何雕琢成相互竞争的“可选项”呢？通信偏爱的是明确的答案。常言道：“鱼和熊掌不可兼得。”所以，为了满足通信的要求而强迫能动体声明一个范畴，就经常会产生某种扭曲，就好像被要求给一道设计得很糟的多项选择题选出一个答案那样：如果“以上都不对”不是一个可选项的话，你只好被迫选择你觉得最不让人反感的、说得过去的答案。

麦克法兰提出，当大自然没有提供任何明显的接点时，能动体就用我们可以叫作逼近式虚构（approximating confabulation）的方式来完成任务。能动体给自己的倾向贴上标示，好像它们是由显性表征的目标（行动蓝图）来支配的，而不是由各种候选者的相互作用而产生的。意图表征一旦以这种间接的方式产生，它们就可能成功地说服能动体，让它确信自己原来就有着这些支配自身行为的明确意图。为了解决通信问题，能动体为自己做了个特别的用户界面，一个由显性选项组成的菜单，进而在一定程度上被自己的创造给欺骗了。

不过，充分利用这种通信的机会是受严格限制的。很多环境不适合保密，而这与能动体在该环境中的任何癖好或能力无关。可是，如果你不能保密的话，那通信就没什么作用了。按照古老的民间智慧，住玻璃房子的人不该向别人扔石头，可是那些住在大自然的“玻璃房子”里的动物并没有石头可扔。在开阔地带生活的群居动物很少会长时间地看不见、听不到、闻不到、摸不到它们的同类，因此就没有机会去满足让秘密滋长的条件。假设 p 是一个具有很高的生态价值的事实，并且除了你没有人知道 p。如果你和附近的其他潜在竞争对手都有机会获得几乎同样的环境信息，那么在这种情况下，你几乎不可能把这种暂时的信息不对等转化为你的优势。

你可能是第一匹看到或闻出西北方向有狮子的角马，但你不能囤积或出售这一信息，因为那些和你并肩站在一起的角马很快就会拥有它。由于这种暂时性的信息优势不太可能被控制，即使是一匹狡猾的角马，也极难有机会从自己的天赋中获益。那么，它要做点什么才能悄悄地在角马里占据优势呢？意向立场清楚地表明，保守秘密虽说怎么看都是空行为（null behavior），可那只是看起来很容易，实际上取得成功必须满足一系列非常苛刻的条件。假定比尔有一个不能让吉姆知道的秘密 p，必须满足下面的条件：

1. 比尔知道（相信）p 是真的。
2. 比尔相信吉姆不相信 p 是真的。
3. 比尔想要吉姆不去相信 p 是真的。
4. 比尔相信自己能够使吉姆不去相信 p 是真的。

正是这最后一个条件把高级的保密，如保守关于外部环境特征的秘密，限制在相当具体的行为环境中。灵长类动物学家埃米尔・门泽尔（Emil Menzel）在 20 世纪 70 年代进行的实验清楚地表明了这一点。实验中，向某些黑猩猩个体展示了食物隐藏的位置，于是它们得到欺骗其他黑猩猩的机会。黑猩猩通常确实会抓住机会，因此产生了一些极为有趣的结果。不过，这种行为总是取决于实验者在实验室里营造的一种野外极少出现的情形，在这个例子中就是笼子与更大的围栏相邻：看到食物隐藏点的黑猩猩所在的位置必须能够知道其他黑猩猩没有看到他看到了食物。

这是通过把其他所有黑猩猩都锁在一个笼子里，而把被选定的黑猩猩单独带到围栏里面并向它展示隐藏的食物来实现的。被选中的黑猩猩可能能够了解只有自己了解到 p，也就是说它在围栏里获取信息的经历是其他黑猩猩看不见的。当然，在其他的黑猩猩被放出来以后，有秘密的黑猩猩还必须能够做点什么来保护它的秘密——至少得保护一小会儿。

野生黑猩猩确实经常长时间地远离族群四处游荡，于是就得到了自己控制之下的秘密，所以它们是进行这种测试的很好的选择。如果某些动物在进化过程中所处的环境没有自然而经常地出现这种机会，那么它们就不太可能演化出利用这种机会的能力。当然，它们在实验室里发现一种以前没有用过的才能也不是不可能，因为每当革新发生时，未用才能必然会冒出来。不过这在现实世界中也不常见。这种才能通常是在其他选择压力下发展起来的其他才能的副产品。不过，由于认知复杂性与环境复杂性一般会协同演化，那些在处理相关类型的环境复杂性方面拥有悠久历史的物种，是我们寻找认知复杂性的首选物种。

综上所述，这些情况说明思维，也就是人类的思维，必须等待言谈的出现，而言谈又必须等待保密的出现，而保密又必须等待行为环境恰当的复杂化。我们会惊讶地发现，任何物种的思维方式都没有到达这一层层筛网的底部。只要行为选项相对简单，就像笛鸻所处的境况，花哨的中央表征就不必发生，因而很可能不会发生。完全按照达尔文机制、细节上辅以斯金纳机制设计出来的网络，或许就能提供足以满足笛鸻、野兔或瞪羚所需要的高阶敏感性。如此说来，ABC 学习可能足以产生这种敏感性，尽管这还是个远未有定论的经验主义问题。是否有确凿的证据表明在某些情况下，某些个体确实被区别对待了，找出这样的例子会很有意思。例如，一只笛鸻重新认出具体的某条狗之后，就不再在它身上浪费谋略，或者一只野兔在某次死里逃生之后，大幅增加它与具体的某只狐狸之间的盯视距离。即使在这些情况下，我们也可以用相对简单的模型来解释学习过程：这些动物是波普尔式造物，它们可以根据过去的经验来拒绝诱人却未经检验的候选行为，但它们仍不是外显的思想者。

只要这些自然心理学家没有机会或义务相互交流它们将意向性赋予自己或他者的原因，只要它们从来没有机会交换意见、相互争论、追问它们觉得奇怪的结论的理由，似乎就没有选择压力迫使它们表征那些理由，也就没有选择压力迫使它们抛弃“按需知情”原则而采纳其熟悉的相反原则，即“突击队原则”：给每个能动体尽可能多的全部行动知识，从而保证在意外障碍出现时，突击队能够随机应变。《纳瓦隆大炮》（*The Duns of Navarone*）或《十二金刚》（*The Dirty Dozen*）等多部电影，都表现了知识渊博、多才多艺的突击队员们的壮举，从而具体体现了这个原则，所以我才这样称呼它。

自由漂浮原理解释了鸟类、野兔甚至黑猩猩身上原始的高阶意向性，它们的神经系统设计也遵从了这一原理。不过，我们正在寻找更多的东西，寻找那些表征于神经系统里的原理。

尽管 ABC 学习能够产生非常微妙与强大的区分能力，能够梳理出潜藏在海量数据阵列中的模式，但这些能力却往往瞄准了训练所改变的特定身体组织。它们是“内嵌的”能力，不能方便地“移植”来对付个体自己所面临的或与其他个体所共有的那些问题。哲学家安迪·克拉克（Andy Clark）和心理学家安妮特·卡米洛夫-史密斯（Annette Karmiloff-Smith）一直在研究只有这种内嵌知识的大脑如何转换成“通过再表征其已表征的知识来从内部丰富自己”的大脑。

他们指出，尽管设计策略“将我们在某一领域的各种知识复杂地交织在单一的知识结构里”有明显的好处，但也有弊端，那就是“这种交织导致我们实际上不可能独立操纵或以其他方式充分利用我们的知识。”这些知识隐藏在互相连接的网状结构中，“虽然在系统之中，却不为系统所知”，就像新出壳的布谷鸟把存在竞争关系的鸟蛋拱出巢时，那早熟的一心一意所体现的智慧一样。要在布谷鸟的计算体系结构中增加什么，它才能够懂得、理解并利用交织在其神经网里的智慧呢？

尽管说法各异，但针对这个问题给出的答案通常都是“符号”！这个答案简直近乎同义反复，所以在某种解释下必然是对的。内隐或不言而喻的知识怎么可能不是通过某种“外显”表征的介质来表达或变成外显表征的呢？与交织在联结主义网络里的节点不同，符号是可以移动的。它们可以被操纵，被组合成更大的结构，其中它们对整体意义的贡献可以是部分结构（句法结构）的一种确定而可生成的函数。这肯定是对的，但我们必须谨慎行事，因为这些问题曾经被很多先驱者提出过，而最后证明他们的提问方式具有误导性。

人类具有迅速的、洞察式学习的能力：学习不必依靠艰苦的训练，而只要我们给特定知识想出某种适当的符号表征，那它就是我们的了。当心理学家设计出一种新的实验装置或实验范式，用来测试鼠、猫、猴子或海豚等非人类受试者时，他们常常要花费几十甚至几百小时来训练每个受试者完成新任务。而如果是人类受试者，通常就只需要告诉他们应该做什么。只需一段简短的问答和几分钟的练习，人类受试者通常就能够与任何其他能动体一样胜任新环境下的任务了。

当然，我们必须理解在这些测试中呈现给我们的表征，而这正是从 ABC 学习转化到我们这种学习的不明之处。关于手工艺品制作，有一句耳熟能详的格言：眼过千遍不如手过一遍。希望这句格言对你有所启发。要把自由漂浮的基本原理以一种深刻的方式锚定在能动体上，使其成为能动体自己的理性，这个能动体就必须“制作”点什么。要创制、设计、编辑、修改、操纵和认可这个理性的表征。能动体如何变得能够完成这么奇妙的事情？它必须在大脑中长出一个新器官吗？还是说它能在已经掌握的对外部世界的各种操作的基础之上构造出这种能力？

人脑与动物脑的关键区别

和赤手空拳做不了多少木工活一样，单纯用脑你也想不了多少事情。

——波·达尔布姆（Bo Dahlbom）、
拉尔斯-埃里克·简勒特（Lars-Erik Janlert）
《计算机未来》（*Computer Future*）

每个能动体都面临着充分利用其环境的任务。环境里有各种各样的东西与毒物，夹杂着许多令人困惑的间接线索：预兆与干扰、垫脚石和陷阱。这些资源纷纷要求能动体的注意，常常让人为难。因此，时间就成为能动体资源管理与优化任务里非常重要的一项。徒劳无功地追逐猎物或强打精神抵御幻觉的威胁，都是在浪费时间，而时间是很宝贵的。

在图 4-4 中，格里高利式造物从环境里吸取各种设计好的东西，利用它们来提高其假设检验和决策的效率与准确性。不过现在这张图有误导性。大脑中有多少地方可以容纳这些人造物呢？又是怎样安置它们的呢？格里高利式造物的脑比其他生物的脑容量更大吗？我们人类的脑比近亲物种的脑稍大一些，但没有某些海豚和鲸的脑大，可以说人类的高智力并不是由于人类大脑的体积更大。我想指出，人类高智的主要来源其实是因为我们习惯把尽可能多的认知任务放置到环境中，就是说把心智，即精神项目与活动，扩展到周围世界里，在其中构建大量的外围设备，用来存储、处理和再表征我们的意义，同时精简、增强和保护思维的那些变换过程。这种广泛使用的将任务放置到环境中的做法，使人类摆脱了动物脑的限制。

能动体用自己现有的全部技能、知觉与行为去面对所处的环境。如果环境太复杂，这些技能应付不了，能动体就会有麻烦，除非它发展出新技能，或者简化环境，或者双管齐下。绝大多数物种依靠自己周围的天然地标来寻路，而有些物种发展出了给世界增加地标以便日后使用的招数。例如，蚂蚁能够留下带有信息素气味的痕迹，指引它们在蚁穴和食物场所之间往返；而很多有领地意识的物种个体用尿液里面的特殊芳香化合物来标记自己领地的边界。用这种方式公开声明领地的所有权，既可以警告非法入侵者离开，同时也为自己提供了一种便利的设备。

这样一来，它们就不必再用其他方式记住你投入了大量努力进行资源改进甚至进行了垦殖的那部分环境的边界。一靠近边界，你就能闻到它的味道。让外部世界存储一些能够便于传感的信息——关于自然中那些重要接点的位置信息，以便将自己有限的脑子用于处理其他事情。这种管家式的办法很棒。在环境里做些刻意的标记，用来突出那些对你来说最重要的特征，这是一种减少感知与记忆认知负荷的不错办法。在最需要的地方安装信标的这个好的进化策略由此改进了。

对人类来说，在环境中标记东西的好处显而易见，以至于我们往往忽略了加标记的根本原因及其起作用的条件。为什么要加标记，加标记又需要什么呢？假设你在成千上万个鞋盒搜寻藏在其中一个盒子里的家门钥匙。除非你是个白痴，或者你头脑乱得不能停下来想出一个最明智的搜寻顺序，否则你一定会想出某种简便的方案，让环境帮你解决问题。你最想避免重复查看同一个盒子浪费时间。一种办法是每次把一个盒子，从未检查的那摞移动到已检查的那摞。

另一种办法可能更省事，那就是在检查过的盒子上打个钩，还要遵守不再检查已打钩的盒子这一规则。对钩符号使世界变得更简单，让你的工作变成简单的知觉任务而不是更困难的、也许无法实现的记忆与识别任务。请注意，如果把盒子排成了一排，你又不必担心这个队列会悄悄重排，这样一来你就不必在上面打钩了，而只要按从左到右的顺序检查，利用自然已有的简单区分工具，即左右之别，就可以了。

现在让我们把注意力集中在对钩符号本身。用什么东西做记号都行吗？当然不是。“检查完一个盒子，我就给它涂上个淡淡的污渍。”“检查完一个盒子，我就把它的一个角给砸瘪。”这些都不是什么好选择，因为很有可能其他什么东西已经无意间在盒子上留下了这样的标记。你需要某种与众不同的东西，你确信它是你标注行为的结果，而不是别的什么东西造成的瑕疵。当然，记号本身还应该是记得住的，这样你就不会在遇到某个特别的标记时，搞不清它到底是不是你留下的，又或者你知道标记是你留下的，但搞不清留下记号的目的是什么。如果你在手指上系一根线作为标记，而它映入你的眼帘时，此时它们所起的作用相当于分散到环境里用于自我控制的信标，你却想不起当初系它是出于什么目的，那么通过给手指系线作为提醒就是没用的。这种对世界简单刻意的标记就是书写系统最原始的先驱，这是在外部世界创造专用外围信息存储系统时走出的一步。请注意，这种创新并不需要有一种系统性语言来构成这些标记。任何眼前的系统都可以，只要使用时能想起来就行。

哪些物种发现了这类策略呢？通过最近的一些实验，我们了解了种种可能性，这些可能性虽然尚无定论也算引人入胜。鸟在多个具体地点藏下种子，过了很长一段时间之后，惊人准确地取回了它们的秘密储藏。例如，生物学家拉塞尔·巴尔达（Russell Balda）和他的同事在一个封闭实验环境里研究了北美星鸦的这种行为。他们在一个泥土地的大房间里挖坑打洞，再用沙子把洞填上，并配上各种地标。北美星鸦能把提供的种子藏在十几个地方，过几天再找出来。它们非常善于利用各种线索，找到绝大多数储藏物，哪怕实验者移动或者除去了一些地标。但它们也确实在实验室里犯了错误，而且多数似乎是自我控制错误：它们浪费时间与体力重新回到已经把东西拿光了的地方。由于这些鸟在野外可能建造了几千处储藏点，并在六个多月后重新造访这些地方，要在野外记录这种没用的重复造访行为的概率，几乎是不可能的。不过，有理由认为重复造访是一种代价高昂的习惯。而且已知有储藏食物习惯的其他种类的鸟，比如山雀，就能够避免这样的重复造访。

在野外，可以观察到北美星鸦在挖出种子后会就地吃掉，留下一堆乱糟糟的野餐垃圾。这样或许可以在它们下次飞临的时候，提醒自己这个“鞋盒”已经打开过了。巴尔达和同事们设计了实验来检验北美星鸦是否依赖这些标记避免重复造访。其中一个实验条件是趁鸟离开的时候把它们留下的东西清理干净，另一个条件则是保留这些东西不动。然而，在这样的实验设置下，这些东西保留不动的时候，鸟也没有明显做得更好，所以不能说明鸟依靠的是这些线索。巴尔达解释道："也许它们在野外本来也不能利用这些线索，因为无论如何这些线索都会很快被天气抹掉。"他还指出，迄今为止的各项实验都没有定论。因为在实验室条件下，错误的代价是微小的，只不过是浪费了一只饱食终日的鸟儿几秒钟而已。

另外一种可能性则是把鸟置于实验室环境后，它们的能力在不经意间下降了，因为它们平时把自我控制的部分任务分给环境的习惯可能要依赖更多的线索，而这些线索却在实验室里不经意地缺失了。人们经常发现，但还没有经常到普遍的程度，住进医院对居家老人非常不利，哪怕他们的基本生理需要得到了很好的满足。他们经常显得十分焦躁不安，完全不能自己进食、穿衣和盥洗，更不用说参加什么更有趣的活动了。不过，要是把他们送回家，他们往往能够非常好地照料自己。

怎么会这样呢？多年以来，他们已经在自家环境里安置了极其熟悉的地标、生活习惯触发器，以及有关做什么、食物在哪里、如何穿衣服、电话在哪里等提示物。在这样一个熟悉得不能再熟的过度学习过的世界里，老人称得上真正的自助高手，哪怕他们的脑对新一轮学习越来越无动于衷，不管是 ABC 式的，还是其他形式的。把他们从家里带走，简直就是让他们和自己心智的各大部分分离开来，后果可能和做一次脑部手术一样具有毁灭性。

或许不思考地做记号是某些鸟类进行其他活动的副产品。我们人类当然要依赖很多不知不觉间放在我们周围的记号。我们有了一些有用的习惯，却又不是很清楚，甚至从未停下来去想想它们为何如此宝贵。你来试试心算多位数乘法：217 乘以 436 是多少？除非是表演特技，否则没有人会想不用笔和纸来解答这个问题。在纸上记数的作用不止一种：它不仅是中间结果的可靠存储位置，而且各个符号都是可跟踪的标记，当你的眼睛和手指到达每一点时，它们就提醒你，这个过度学习过的过程的下一步应该是什么。如果你怀疑记号的第二个作用，就试试做多位数乘法时，把中间结果写在多张纸上，然后用不合标准的方式把它们放在面前，而不是按照规范的写法排列起来。

我们格里高利式造物是成千上万个这种有用技术的受益者。这些技术是由其他生物在比远古时代或史前时期还早的时期发明的，通过文化的高速公路而非遗传的基因小道传递下来。得益于这个文化遗产，人类学会了如何把心智传播于世，还在其中以最优方式展现我们那设计精巧的跟踪与模式识别天赋。

在环境里做出这种改变不仅减轻了记忆的负担，可能还通过为能动体准备特殊材料的方式，让它拥有了某种只有这样才能充分利用的认知能力。这种准备特殊材料的过程有可能是在不经意间发生的。有可能机器人专家菲利普·高斯尔（Philippe Gaussier）用一个生动的例子说明了这种可能性。一些微型机器人先改变自己所处的环境，而它们所创造的新环境反过来又改变了它们自己的行为方式。这些机器人是现实世界里的布瑞滕堡小车，它们由机器人专家弗朗西斯科·蒙达达（Francesco Mondada）创造，并被命名为"赫佩拉斯"（Kheperas，意大利语，意为"金龟子"）。它们比冰球小一些，靠两个固定的小轮子和一个活动脚轮四处滚动。与之相连的是这些机器人非常原始的视觉系统——两三个感光细胞，它们发出的视觉信号使机器人及时转向，避免撞到围绕着桌面世界的墙。

或许可以说，这些机器人先天装备了视觉引导的墙回避系统。桌面上散布着可移动的小"钉"（木制小圆柱体）。机器人先天的视觉系统也会让它们绕开这些分量较轻的障碍。不过，机器人背后的铁丝钩通常会在它们经过时钩住这些木钉。这样，当它们在桌面上随意地匆匆而行的时候，就会无意间钩住木钉，而后又在向被钩住的木钉方向急转弯时，自动松开。这个过程参见图 5-2。随着时间的推移，这些钩住又松开的过程将木钉重新分布在环境里。如果两个或两个以上的木钉被松开后碰巧紧挨在一起，它们就形成了一个组，导致机器人将其“错误地理解”为一小段需要避开的墙。很快，无须来自任何中央司令部的进一步指令，机器人就把分散在环境里的所有木钉排列起来，把环境组织成一系列连续的墙。在一个起初随机的环境里，赫佩拉斯们凭借随机走动，先把该环境变成了迷宫，再用这个新环境来塑造自己的行为，于是变成了它们跟着墙走。

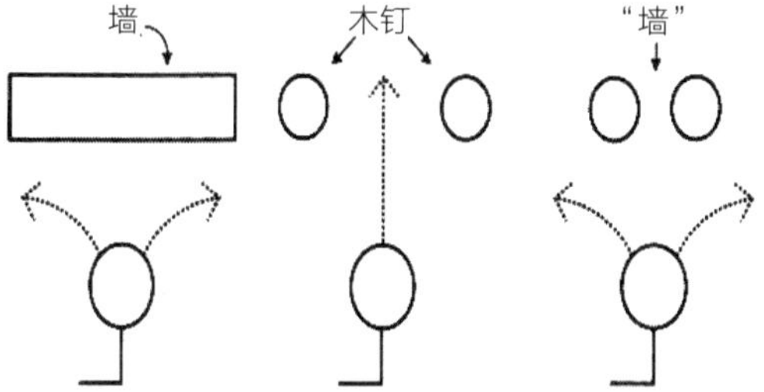

图 5-2　菲利普·高斯尔设计的机器人

论起策略，这恐怕是人们能想得到的最简单的情况，而最复杂的策略则包括了所有绘图与建模活动。比如，我们到底为何要在黑板上画图？或者很久以前人类为何用尖锐的东西在岩洞的地面上画图呢？我们这样做的原因是以另一形式再表征信息，就可以将它呈现给某种特殊用途的知觉能力。

波普尔式造物及其子类格里高利式造物，生活在一个能够粗略地分为两部分的环境里：“外部”与“内部”。确定“内部”环境的居民并不是看它们是否处于皮肤的哪一侧[①]，而要看它们是否便于携带，于是它们就几乎无所不在，因此相对更便于控制和了解，所以更可能被设计得对能动体有利。就像第2章提到的，纸条上的购物清单获得意义的方式与记在脑子里的清单获得意义的方式是完全相同的。“外部”环境的变化方式很多难以跟踪，主要是因为这些变化发生在生物体外。

下面这些例子生动地体现了用地理位置做区分的局限性：抗原（来自外部的邪恶入侵者）与抗体（来自内部的忠诚守卫者）。二者都与友军（你肠子里的细菌，没有它们你就会死）以及毫无关系的旁观者混在一起，周围还挤满了遍布你身体空间的微生物大小的各种能动体。波普尔式造物携带的关于世界的知识必须包括有关它的世界里无所不在的那个部分（即它自

---

① 正如斯金纳所说：“皮肤作为边界并没有那么重要”。

己）的少量知识（技能诀窍）。当然，它必须知道哪些腿是它自己的，要喂的是哪张嘴，而在一定程度上，它自己的头脑中知道怎么做。它如何做到这一点呢？使用同样的老办法：在任何有用的地方放置地标和标记！那些处于时间压力下、需要由能动体来管理的资源里面，也包括了它自己的神经系统的资源。

这些自我知识本身并不需要显式表征出来，就像不思考型生物的智慧不需要被显式地表征出来一样。这些知识可能只是内嵌的技能诀窍，不过对如何操纵自我世界里令人好奇又相对稳定的部分，却很关键。

你希望自己的内部资源的这些改进能简化你的生活，以便利用你的全部才能更快、更好地做更多的事情，毕竟时间总是宝贵的。正如前文所指出的，如果某个内部符号“映入你心智的眼帘”时，你却想不起创建它的原因，那你就没必要创造这样一个自我控制工具。任何指针、地标、标记、符号或其他提示物系统的可操纵性，都依赖你本身进行跟踪与再认的才能的潜在稳健性，确保你能通过多模式的路径找到这些工具。你天生的资源管理技术并不做内外区分。对于我们这样的格里高利式造物，外部或内部世界里的特征表征与事物表征已经成为被表征的独立对象，成为被操纵、跟踪、移动、储藏、排列、研究、颠倒的东西，要不然就会被调整和利用。

文学评论家苏珊·桑塔格（Susan Sontag）在《论摄影》（*On Photography*）一书中指出，高速静止摄影的出现是科学的革命性技术进步，它使人类有史以来第一次能够非实时地按照自己喜欢的速度审视复杂的时间现象——悠闲、有条理地回溯分析自己在这些复杂事件中留下的痕迹。正如第 3 章所指出的，人类天生的心智只能处理仅在特定速度下发生的变化。那些发生得更快或更慢的事件对我们来说根本就是不可见的。摄影是一项技术进步，它使我们能够用为特定感官量身定制的格式和速度，再表征世界上让我们感兴趣的事件。

在照相机和高速胶片出现之前，利学家就利用很多用于观察和记录的设备从周围世界里精确地提取数据，等有空的时候再进行分析。体现几个世纪的科学成就的那些精美图表与示例足以证明这些方法的威力。不过，照相机有点特别：它是“傻瓜式的”。和人类艺术家或插图画家必须理解对象不同，照相机不必为了“捕获”相片中所表征的数据，而理解被拍摄的对象。因此，它传递给各个官能的现实版本是未编辑、未污染、无偏见又已被再表征的，由后者进行分析并最终理解该现象。

无心地将复杂数据映射为更简单、更自然或对用户更友好的形式，就像我们看到的那样，这就是智力不断增长的标志。

但是，随着照相机的出现以及随之产生的大量静态照片，出现了一个资源问题：照片本身需要加标记。在这些躺在办公室里的成千上万张照片里，如果你记不得哪一张才是相关事件的表征，那么用照片来捕捉那一事件就没多大用处。虽然我们看到，对于更简单更直接的跟踪方法，这个“匹配问题”并不会出现，但常常还得承担解决此问题的成本。由于这一招数允许间接跟踪无法直接跟踪的重要事物，它可以自付费用，毕竟时间就是金钱。在地图上用彩色图钉标记我们想要理解的大量事件的发生地点，就是这种聪明做法的例子。当我们看到同一类型的病例在地图上全部沿着某个不显眼的甚至迄今未被描述出来的特征排列起来，比如供水主线、污水处理系统，或者邮递员的投递路线，就可以确定发生了传染病。

好在做了颜色编码。连环杀手活动的秘密基地有时也可以通过标记其一系列作案地点的地理中心来确定。这可以算是一种“向歹徒性”吧。从狩猎采集时期的觅食策略到现在警察、诗歌评论家和物理学家的调查研究，各种调研活动进展显著主要就是因为再表征技术的爆炸性增长。

我们在自己的头脑里保存“指针”与“索引”，而尽可能地把实际数据留在外部世界，留在通信录、图书馆、笔记本、计算机中，甚至朋友和同事的圈子里。人类心智不仅受限于脑，就连这些外部工具被除去，它都可能变得很无能——至少像近视的人失去眼镜后一样无能。当然，你放置在环境中的数据和设备越多，你对这些外部设备的依赖就越大。然而好在有你的操作实践，你对它们越熟悉，你就越有信心能够不依赖它们，让问题回到大脑，并在外部实践训练过的想象里解决它们。你能看着这句话，把里面的字按拼音顺序排列出来吗？

我们且只有我们习惯于将新问题有意识地映射到老问题的解决机制上，这是再表征新技术的一个特别丰富的源泉。比如，我们开发的各种思考时间的方法实际上是通过思考空间来达成的。对于在未提炼的自然状态下几乎不可见的种种差别，如过去、现在、将来、前后、早晚等，我们有各种约定俗成的方式把它们映射为左右、上下、顺时针逆时针等。对于绝大多数人来说，星期一在星期二的左边。而无论白天还是夜晚，四点钟都藏在右边的那个三点钟的下面。很遗憾，这种宝贵的约定俗成正逐渐从人类的文化中消失。我们对时间的空间化不止于此。特别是在科学领域，它扩展为图形，现已成为几乎所有受教育者都熟悉的图示系统。

想想利润、温度或者音响的音量，随着时间的流逝从左到右越升越高。我们利用自己的空间感来观察时间的流逝。按照标准的约定，通常是从左到右。不过在进化图中，早期的年代经常被画在底部而当下则被画在顶端。这些例子表明，我们在言语的引导下想象这些图的能力本身就是一种宝贵的格里高利式能力，用途甚多。在这段文字里我故意没有使用任何插图。我们想象这些图的能力依托于绘制和看到它们的能力，至少能够临时把它们放置到外部世界中。

好在假体提升了人类的想象水平，我们才能去谈其他难以估量的、难以注意的形而上的可能性，例如第 4 章结尾部分讨论的幸运硬币艾米的例子。我们需要想象出一条看不见的轨迹，将昨天那枚真正的艾米和今天这一大堆看起来相同的硬币里面的某一枚连接起来。我们需要把它画在“心智之眼”里。如果没有这种内部或外部的视觉辅助，就难以理解这些形而上的言论，更别说参与进来了。这是否意味着先天失明的人就不能参与这种形而上的讨论呢？当然不是，因为盲人掌握了他们特有的空间想象方法，可以像有视觉的人一样，在想象中以某种方式跟踪空间里的移动物体。

不过，那些先天失明或失聪的人的抽象思维方式与普通人有何不同，如果有的话，倒是个有趣的问题。武装了这些心智工具之后，我们往往会忘记，人类思考世界的那些方式并不是全部，尤其不是成功和世界打交道的先决条件。狗、海豚和蝙蝠的智能那么显而易见，它们就一定有和我们差不多的概念。乍看之下，这一点好像挺明显，可是仔细一想，却根本不应该这么明显。我们从自己的进化视角提出了有关其他造物的本体论与认识论问题，其中的绝大多数问题尚未得到回答。毫无疑问，答案将是令人吃惊的。我们只迈出了第一步：我们意识到可能需要在以前忽略的地方进行研究。

当然，在用文化储备装备头脑的过程中，我们获得的所有心智工具里，没有什么比词语更重要了——先是口头的，然后是书面的。词语使认知变得容易，从而使人类更具有智能，就好像信标与地标使更简单的生物更容易导航一样。只不过语言的好处是其他工具的很多倍。要在抽象思维的多维观念世界里导航，必须要有大量可移动、可记忆的地标，可供分享、批评、记录并从不同视角进行观察。必须记住，说和写是两种完全不同的革新，它们的出现相隔几十万或许上百万年，而且各有各的作用。我们倾向于将这两种现象相提并论，尤其是在对脑或心智进行理论分析时。

有关“思维语言”可能是认知操作介质的大部分资料，都预设我们正在思考着一种书面的思维语言，与我多年前提到的说法“脑写而心读”如出一辙。如果将注意力转向口头的思维语言为何以及如何能发挥更好的作用，那我们就能从更好的视角去理解语言的出现会如何放大人类的认知能力。口头的思维语言是自然的公共语言的衍生物。

语言，强化心智的关键进展

> 未经训练的婴儿心智要变得有智能，就必须同时获得纪律性与主动性。
>
> ——艾伦·图灵（Alan Turing）

在心智设计史上，没有哪一步比语言的发明更令人振奋、更具爆发力、更为重要。智人成为这一发明的受益者后，就仿佛被一把弹弓发射到了前瞻与反思能力远超地球上所有其他物种的地方。物种如此，个体也是如此。在个体生命里，任何转变都不像“学会”说话那样爆炸性地增强了人的能力。我必须把“学会”这个词加上引号，因为在语言学家与心理学家们的帮助下，我们已经认识到人类婴儿的语言在很多方面是遗传上预先设计好的。正如“现代语言学之父”诺姆·乔姆斯基（Noam Chomsky）所说（略有夸张）：“鸟儿不必学习其羽毛，婴儿不必学习其语言。”大部分设计语言使用者或者羽毛使用者的艰苦工作在很久以前就完成了，以先天能力与气质的形式提供给婴儿和鸟类，而且非常容易适应词汇和语法的地域情况。儿童以惊人的速度学习语言，一连几年以平均每天十多个词的速度学会新的词，直到青春期才大幅减慢。

他们上学之前还掌握了全部的语法（不包括最精妙部分）。除了和家庭成员以及宠物的语言交流之外，婴幼儿还花了很多时间自言自语，开始是咿咿呀呀，而后沉迷于词语和不同声调的无意义音节的奇妙混合——有劝告的、有安慰的、有解释的、有哄骗的，最后演化成详尽的自我评论。

儿童喜欢自言自语。这对他们的心智有什么作用呢？我还不能回答这个问题，但我有些关于进一步研究的推测性建议。想想儿童在语言活动的早期会出现什么情况。母亲说：“烫！别碰炉子！”这时，儿童不必知道“烫”“碰”或“炉子”的意思。对儿童来说这些词主要就是声音，是有某种气味、有点熟悉、回响在记忆之中的听觉事件类型。他们脑中出现了“接近和避开炉子”的情景类型，在这种情景中，他们不仅听得到具体的喝止，还会有模仿性的听觉复诵。

大体简化一下就是，我们可以假定儿童获得了一种习惯——对自己大声地说“烫！”“不要碰！”，却不太清楚这些词的意思，说的时候只把它们当成接近再避开炉子的相关训练的一部分，也把它们当成某种咒语，可以在其他任何时候说出来。毕竟，儿童习惯于复诵他们刚听到的词，进行这种具体情景内外的复诵，从而在听觉属性与同时出现的触觉属性、内部状态等之间建立起识别联系与联想的路径。

这只是大致描述了一个必须进行的过程。它可能会产生一种习惯，我们或许可以称之为一知半解的自我评论。起初在父母的告诫引起的持久听觉联想的提示下，儿童养成了给自己的活动配音的习惯，好像在“评论”这些活动一样。一开始，他们实际说出的话里面包含大量的“叽里咕噜”，就是由类似词语的声音组成的无意义的话，也包含一些富有感情却很少或者根本没有理解其含义的真正的词语以及少量已经理解的词语。在这里面有模拟的劝告、模拟的阻止、模拟的表扬、模拟的描述，而所有这些最终都会变成真正的劝告、阻止、表扬和描述。而且在标记本身被理解或部分理解之前，加“标记”的习惯就这样形成了。

我的意思是，开始时“蠢笨”的这些做法——不论场合是否恰当，只说标记的做法，能很快变成一种习惯，以新的形式向自己表征自己的状态与活动。随着儿童在听说过程和与其并行的活动模式之间建立更多的联想，这种习惯就会在记忆里建立起显著的节点。即使不理解，词也能变成熟悉的词。词是熟悉性的支柱，可以在系统中给标记一个独立的身份。有了这样的独立性，标记才可见。一个词要在大脑的资源优化里充当有用且可操纵的标记，它就必须是热门联想的现成强化者，而这些热门联想在某种程度上已经存在于系统之中。除此之外，词语本身可以是任意的，而任意性实际上也属于它们的特色：这样就不太可能发生看不到标记的情况；与鞋盒角上的凹陷不同，它们不只融入周围环境，还把创建标记时考虑的东西公开表现了出来。

我认为，用词语、“胡说”或者自创的新词认真加标记的做法，源自一知半解的自我评论的习惯。这种习惯反过来又能进一步促成一种更有效率的做法：抛弃所有或者绝大多数听与说之间的联想而只依靠其他联想以及联想的可能性来做锚定。我建议那个孩子放弃大声说话，转而创造无声的个人新词，作为自己活动特征的标记。

我们可以将某个语言对象当作拾得对象，就算不知何故我们已经错误地把它当成自己造的，而不是从别人那里听来的也没关系，把它放到一边，留待离线时深入思考。我们能这样做是因为我们有在不同场合再识别或识别这种标记的能力，而这又取决于该标记具有某个或某些便于记忆的特征，也就是一些与意义无关的外观特点。只要我们创建了标记，并养成了把它们附加到经历过的情境上的习惯，就创建了一类新的对象。这些对象本身可以成为所有模式识别机制、联想构建机制等的对象。正如科学家们事后不紧不慢地查看实验战斗最激烈时刻拍下的照片，我们也可以从记忆中捞取各种贴了标记的展品，对其所具有的任何可识别模式进行反思。

随着不断进步，我们的标记也变得越发精致、越发清晰、越发明了，最后终于达到了我们在本章开头所说的那种近乎魔法般的威力：仅需默想某个表征就足以唤起心中所有适当的教训。我们已经成为自己所创造对象的理解者。我们或许可以把记忆里的这些人造节点、这些说出来的与听到的词语的苍白投影，称为概念。那么，概念就是一个内部标记，某个公共或私人词的听觉和发声特征并不一定被包括在概念众多的联想之中。但我认为，词语是概念的原型或祖先。我认为，人所能够操纵的第一批概念是“有声的”概念，而只有那些可以被操纵的概念才会成为我们仔细检查的对象。

在《泰阿泰德篇》(*Theætetus*)里，柏拉图把人类的记忆比作一个巨大的鸟笼：

> 苏格拉底：现在想想知识是不是一种可以拥有却不必随身带着的东西，就像一个人在野外抓了些鸟、鸽子什么的，再把它们关在家里的鸟笼里。当然，在某种意义上，我们可以说他一直都“有”这些鸟，因为他拥有它们。对吗？
>
> 泰阿泰德：对。
>
> 苏格拉底：但是，在另一种意义上，既然他把这些鸟关到了自己家的笼子里，哪怕他控制着这些鸟，却是一只也没“有”。只要喜欢，他可以抓住自己选中的鸟，再放了它们；他想做多少次就做多少次。

这里的诀窍在于：当你想要某只鸟时，就能得到它。我们怎么做到这一点呢？利用技术手段。我们建立了复杂精巧的助记联想系统，包括指针、标记、滑槽与梯子、钩子和链子，等等。我们通过不停顿的复诵和修补来完善我们的资源，将大脑以及我们获得的其他相关外围装备，变成一个巨大的结构化的能力网络。迄今为止，还没有任何证据表明其他动物有类似的行为。

KINDS OF MINDS

06

如何界定人类的心智与动物的心灵

其他物种的心智和人类的心智有何异同？

猫的脑子里会有狗的概念吗？

鸟在筑巢时脑子里会想什么呢？

疼痛、受苦和意识之间的关系是什么？

一旦儿童学会了“为什么”和“因为”的含义，就成为正式的人类成员。

——伊莱恩·摩根（Elaine Morgan）
《儿童的由来：新视野下的人类进化》（*The Descent of Child: Human Evolution from a New Perspective*）

我们的意识，它们的心灵

知道心智可能是如何由若干部分拼起来的并且现在仍然依赖这些部分，就不会觉得它那么神奇了。首先，赤裸裸的人类心智——没有纸笔，也不说话，不交换意见，不打草稿，是我们从未见过的东西。你见过的每一个人类心智，尤其包括属于你自己的、你“从内部”注视的那个心智，不光是自然选择的产物，也是大规模文化再设计的产物。如果一个人因不知道这些部件是什么以及它们是如何制造的，而觉得心智显得那么不可思议，这很容易理解。每个部件都有漫长的设计史，有时甚至长达数十亿年。

在能够思考的生物出现之前，就已经存在具有不思考的粗糙意向性的生物，它们只是些能够进行跟踪与区分的装置，完全不能察觉自己正在做什么以及为什么那样做。但它们也很好用。这些装置跟踪并对各种曲折变化做出可靠的反应，绝大多数情况下瞄准着目标，很少长时间地偏离。在更大的时间跨度内，这些装置的设计也可以说是在跟踪某种东西：不是东躲西藏的配偶或者猎物，而是某种抽象的东西，也就是它们自身功能的自由漂浮原理。随着环境变化，这些装置的设计也相应地改变，以适应新的条件，使其拥有者拥有精良的装备，又不必给出这样做的理由。这些生物捕猎，却不认为自己在捕猎，逃跑但不觉得自己在逃跑。它们有自己需要的技能诀窍。技能诀窍是一种智慧、一种有用的信息，不是表征出来的知识。

然后，有些生物开始完善环境中最容易控制的那部分，在内部与外部做记号，从而将问题丢给环境或者自己大脑的其他部分。它们开始制造并使用表征，却并不知道自己在这样做。它们也不需要知道。我们是否应该把这种表征的不自觉使用叫作“思想”呢？如果是的话，那么我们就必须说这些生物在思考，却不知道自己在思考！它们在无意识地思考。那些欣赏

“悖论式”表述的人可能会喜欢这种说法，但更便于理解的说法是，这是有智能而不思考的行为，因为它们的这种行为不仅不是反思性的，而且是不能被反思的。

我们人类不加思索地做了很多能体现智能的事情，比如刷牙、系鞋带、开车甚至回答问题。但我们这些活动大多是不同的，因为我们能够对这些活动进行思考，而其他生物则不能以同样的方式来思考它们那些不加思索而能体现智能的活动。确实，我们不加思索地进行的很多活动，比如开车，其实是经过很长一段明显有自我意识的设计开发过程之后，才达成的。这是如何做到的呢？我们通过学习语言，使自己的大脑获得改善，这些改善使我们可以评论、回忆、复述并重新设计自己的活动。我们的脑就好像变成了回声室，那些在其他场合容易消失的过程得以在其中回荡并成为独立的对象。而那些坚持时间最长，并在坚持中获得影响力的，就成为我们有意识的思想。

心理内容变得有意识，并不是通过进入大脑中某个特别的室腔，也不是通过传感为某种享有特权而神秘的介质，而是要在与其他心理内容竞争对行为控制的控制权时获胜，并由此取得持久的效果。或者用一种误导性的说法，那就是“进入记忆”。由于我们是说话者，而且对自己说话是我们最有影响力的活动之一，因此要想使心理内容变得有影响力，最有效的一种方式就是让它做好准备，去推动控制机构里使用语言的那个部分。

对于这种有关人类意识的说法，常见的反应坦白来说就是迷惑，大致意思就是“就算所有这些奇怪的竞争过程都在我们的头脑中进行，而且如你所说有意识的过程不过是那些赢得竞争的过程。可是，它们是如何成了有意识的呢？它们接下来又通过什么手段证明我确实知道了它们呢？因为它毕竟是我的意识，我通过第一人称视角知道它就是需要解释的意识！”此类问题暴露出一种严重的混淆，因为它预设你是不同的东西，是某种高于这种大脑与身体活动的笛卡尔式思维之物（res cogitans）。然而，你只是身体所开发的很多能力之间展开的各种竞争活动的组织。你“自动”知道这些你身体内部发生的事情，因为如果你不知道的话，那就不会是你的身体！你可以戴着别人的手套离开，错把它当作自己的手套，但你却不可能错把别人的手当作自己的手，而用它来签合同。你也不可能错把别人的悲伤或恐惧当成自己的而深受其影响。

你能讲给我们听的那些行为与事件及其理由之所以是你自己的，是因为你制造了它们，也因为它们制造了你。你就是你能讲述其生活的那个能动体。你能讲给我们听，也能讲给自己听。自我描述的过程始于儿童最早期，从一开始就包含了大量的幻想。比如《花生漫画》(*Peanuts*) 里的史努比，坐在自己的狗舍上想："我是第一次世界大战中的王牌飞行员，驾机投入战斗"。而且它将贯穿人的一生。比如让－保罗·萨特 (Jean-Paul Sartre) 在《存在与虚无》(*Being and Nothingness*) 里讨论"自欺"(bad faith) 时讲到的咖啡馆服务员，完全沉浸在学习如何贴合自己描述的服务员身份。这就是我们做的。这就是我们。

其他心智真的和人类心智如此不同吗？做个简单的实验，请你来想象一些我敢说你以前从来没有想象过的东西。请仔细想象一个穿着白色实验服的男人，用牙叼着一个红色塑料桶，抓着绳子往上爬。这对你来说是个简单的思维任务。黑猩猩能够完成这个任务吗？我很怀疑。我选择了人、绳子、爬、桶、牙齿等元素，它们在一只实验室黑猩猩的知觉与行为世界里是同样常见的对象。我敢肯定，这样的黑猩猩不仅能够知觉这些东西，而且知道它们是人、绳子、桶等。那么，从某种微不足道的意义上说，我承认黑猩猩有人、绳子、桶的概念，不过大概没有龙虾、打油诗或律师的概念。我的问题是，黑猩猩能用它的概念做什么？

第一次世界大战期间，德国心理学家沃尔夫冈·科勒（Wolfgang Köhler）曾用黑猩猩做了一些著名的实验，以了解它们能够通过思维解决什么样的问题：黑猩猩能够想出怎么把笼子里的那些盒子摞起来，拿到高悬在天花板下面的香蕉吗？或者，它能够想出如何将两根棍子接成一根长棍把食物敲下来吗？虽然流行的说法是克勒的黑猩猩的确能够想出这些解决办法，而事实上它们的举止却相当平淡无奇。有些猩猩在尝试了很多很多次之后才解决了问题，剩下的则怎么也弄不明白。后来的研究，包括目前一些更为巧妙的研究，仍然无法解答黑猩猩获得了全部线索后会想些什么这类貌似简单的问题。但是，让我们先暂时假设克勒的实验确实回答了那个通常认为已经解答了的问题：黑猩猩确实能够发现这类简单问题的解决办法，只要解决问题需要的元素可见且就在手边，可以用于试错性操作。

我的问题却不同：当这些元素不在眼前，不能给黑猩猩提供直接可见的相应提示时，黑猩猩还能想起这些能解决问题的元素吗？前面你所做的想象活动是由我的一个建议引发的。我确信你也能够很容易地给自己提出建议，然后接受建议，从而形成相当新奇的心理意象。这是我们对自己的一种了解，也就是我们都乐于做一些精心设计过的想象活动，来满足当下的兴趣。

我在前几章描述的非人类心智的工作方式，暗示了黑猩猩应该无法完成这样的活动。它们可能碰巧把相关概念（它们自己的那种概念）给拼了起来，然后让自己的注意力被意外有趣的结果所吸引，但是我怀疑即使这样，它们也不会想到去移动或者操纵这些资源。

关于黑猩猩心智的这些问题相当简单，但还没有人知道答案。答案不是不可能得到，但要设计适当的实验却并不容易。请注意，这些问题不是那种通过观察动物大脑的相对大小，甚至衡量它的纯粹认知能力，比如记忆能力和区分能力，就能回答的。当然，在黑猩猩的大脑中有很多机制，足以存储作为这项任务的原始材料所需要的全部信息，问题在于这些机制是不是按照允许使用这些信息的方式组织起来的。你有一个大鸟舍，有很多鸟，你能让它们列队飞行吗？心智之所以强大以及心智之所以有意识，不在于它由什么构成，或者它有多大，而在于它能做什么。它能集中精力吗？它可以被分散吗？它能回忆起以前的事情吗？它能同时跟踪几个不同的事情吗？它能注意到或监视自己当前活动的哪些特征呢？

此类问题得到回答时，我们就能知道需要知道的有关那些心智的一切，以便回答那些牵涉道德的重要问题。这些答案将囊括我们想知道的有关意识概念的一切信息。不过除了一点，也有人说，这种动物的“心智之光是否会熄灭”。尽管心智之光这种说法很流行，却是个坏主意。它不仅从未被任何拥护者定义或澄清过，也没有什么需要界定或澄清的工作去做。即使我们确实已经回答了关于某种生物心智的所有其他问题，有些哲学家仍会说，我们仍不知道那个最重要问题的答案：心智之光开启了吗，是还是否？可是，答案真的那么重要吗？在我们需要认真对待他们的问题之前，他们得先回答我们这个问题。

狗有猫的概念吗？有也没有。无论狗对猫的“概念”和你对猫的概念在外延上多么接近，也就是说你和狗将同样的一些实体识别为猫或非猫，但这个概念在一个方面有着巨大的不同：狗不能考虑它的这个概念；它不能问自己是否知道猫是什么；它不能思考猫算不算动物；它不能用自己的心智之光试图把猫的偶然与猫的本质区分开来。在狗的世界里，概念不是像猫那样的事物。而在我们的世界里，概念是事物，因为我们有语言。面对雪，北极熊有很多方式来和雪打交道，狮子却没有。因此，在某种意义上，北极熊有一个狮子缺乏的概念——雪。但是，没有任何无语言的哺乳动物能够以我们那样的方式拥有雪的概念，因为无语言的哺乳动物不能考虑“一般的雪”或“雪本身”。

这并不是因为它们没有一个自然语言的词语来称呼雪这种微不足道的原因，而是因为没有自然语言，它们就没有从自己那错综复杂的联结主义的巢穴里获取概念并加以操纵的才能。我们能够谈论北极熊那隐性的或程序性的关于雪的知识，那是北极熊的诀窍，我们甚至能够从经验方面研究北极熊那内含的雪概念的外延，不过请记住，这不是北极熊可驾驭的概念。

“它也许不会说话，但它肯定会思考！”本书的主要目的之一就是要动摇你对这一习以为常的反应的信心。也许，我们在试图澄清非人类动物心理能力时所遇到的最大障碍，是不可抗拒的习惯性想象，即想象与它们那些聪明活动相伴的是与人类十分类似的反思意识流。这并不是说我们现在已经知道它们没有做这样的事，而是说在研究早期，我们决不能假定它们做了。哲学家托马斯·内格尔（Thomas Nagel）于 1974 年发表的经典论文《成为一只蝙蝠会是什么样子》（*What Is It Like to Be a Bat*）严重影响了有关这个问题的哲学思考与科学思考。标题本身令我们迈出了错误的第一步。蝙蝠以及别的动物或许在没有“像”任何东西的情况下，以各种不同方式实施了它们的诡计。而这个标题会误导我们忽略所有这些不同的方式。如果我们一声不吭就假定内格尔的问题有道理，并假定我们知道自己在问什么，那就是为自己制造了一个难以解开的谜。

鸟筑巢时会觉得像什么呢？这个问题诱导你先去想象自己会如何筑巢，然后再试着去想象自己是鸟的一些细节。可是既然筑巢不是你习惯做的事情，你就应该首先提醒自己，做某件熟悉的事情是什么感觉。那么，你系鞋带时觉得像什么呢？有时你会注意到自己在系鞋带。有时，你在想其他事情，你的手指已经把鞋带系好了，而你却压根儿没有注意到。你可能会认为，鸟在筑巢时或许也在做白日梦或者筹划明天的活动。或许如此，然而迄今为止的事实都有力地证明了鸟并没有能力做这样的事。

你提到的用心注意与心不在焉地完成任务之间的反差，很可能在鸟类中完全没有与之对应的例子。如果你不认真反思自己当下的行为及其原因，就不能筑巢。绝不能因为这一事实存在就假定鸟在筑巢时，至少是在掌握这项技能之前，筑第一个巢时，必须对自己正在做的事情进行鸟式思考。我们越了解大脑怎样参与其非人类主人取得聪明成就的过程，就愈发觉得这些过程与我们曾经模糊地想象过在起作用的那些想法并不相像。这并不意味着我们的思维不是发生在我们大脑中的过程，或者在控制人类行为方面，思维没有像通常假定的那样发挥着关键作用。想必人类自己脑中的某些过程，最终会像我们熟知的那些想法一样清晰可辨。不过，其他物种的思维能力是否取决于它们拥有精神活动的方式同人类一样，还有待观察。

如何区分疼痛和受苦

人类的每个问题都有一个众所周知的解决办法，看似简单好用、合情合理，实则错误百出。

——H. L. 门肯（H. L. Mencken）

《偏见集（第二辑）》（*Prejudices, second series*）

要是我们的故事到了该结尾的时候，我们可以说“因此，根据我们的发现，昆虫、鱼类以及爬行类一点感知也没有，它们只是些自动机而已，但是两栖类、鸟类和哺乳类和人类一样有感知、有意识！而且，记录显示，人类胎儿从 15 到 16 周开始有感知”这样的话，那就会让人安心许多。人类在做出道德决策过程中面临的某些问题，如果能用这种条理清晰、貌似合理的说法解决，能给予我们巨大的安慰。不过目前还没有这样的故事可讲，而且也没有理由相信这样的好事会随后出现。

我们不太可能完全忽略了某个能令道德立场彻底发生改变

的心智特征。而且，我们研究过的那些特征，在进化史与生物个体发育过程中出现的方式似乎不仅是渐进的，而且还是不同步、不一致、不均匀的。当然，进一步研究有可能会发现一个迄今还没有发现的系统，它的相似之处和差异之处会给我们留下深刻印象。然后我们就能第一次看到大自然究竟在哪里画下了那条分界线，以及这样做的理由。然而，要是还想象不出这样一个发现可能是什么，或者它为何会让人觉得它与道德有关，那就不要指望这种可能性了。那样的话，还不如设想有朝一日云开雾散，上帝会直接告诉我们，哪些造物应该算在那个迷人的圈子里，哪些又应该被排除在外。

审视了种种心智以及原心智后，我们并没有发现存在任何明确的阈值或者临界质量可用来确定我们这些使用语言的人类所享有的那种意识。那种心智是独特的，它的能力比任何其他种类的心智要高出很多个数量级，但我们很可能并不想夸大它的道德分量。我们很可能认为，在一切道德考量中，相比能对未来以及天底下万事万物进行深奥而复杂的推理的能力，感受痛苦的能力才是更值得考量的因素。那么，疼痛、受苦和意识之间的关系是什么？

尽管疼痛和受苦之间的分界线，就像绝大多数日常的非科学的分界线一样，边界有点模糊，但它在衡量和标记道德的重要性方面，仍不失为一个有价值且凭直觉就觉得满意的选择。疼痛现象在不同物种之间既不是同质的，也不是简单的。要是注意到有些简单问题的答案有多么不明显，你就能在自己身上看到这一点。我们是否把来自痛觉感受器的刺激也就是防止我们睡觉时由姿势不当而损伤关节的那些刺激，体会为疼痛呢？还是说它们更恰当的叫法应该是无意识疼痛呢？它们在任何情况下都有道德意义吗？我们或许可以把神经系统的这种身体保护状态称为“感知”状态，但并不因此就说它们是任何自体（self）、自我（ego）、主体的经历。不管我们是否把这样的状态叫作疼痛、有意识状态或者经历，要让这些状态有意义，就必须有个忍受这些状态的主体。对这个主体而言，这些状态是痛苦的来源，所以它们才重要。

下面以当巨大的痛苦或恐惧出现时，就会出现的解离（dissociation）现象为例进行说明。这一现象受到过广泛的报道。当幼童受到虐待时，他们常常会采取一种绝望但有效的策略：他们“离开”。他们以某种方式向自己宣布，受苦的人并不是自己。大致有两类主要的解离者：一种索性否认痛苦是自己的，然后就好像从远处旁观一样；另一种则至少是临时地分裂为类似多重人格的样子，暗示自己正在经受这些痛苦的不是

“我”而是“他”。对此，我做一个并不是玩笑的假设：从“每一次经历都必须是某个主体的经历”这一哲学教义上说，这两类儿童的暗示是不同的。拒斥这一原则的儿童断绝与痛苦的关系，让它无主体地四处游荡而不伤害任何特定的人，他们不觉得这种做法有什么错。而接受这一原则的儿童就必须创造一个他者作为主体，即“除我以外，谁都行！”

无论对解离现象的这种解释是否能够站得住脚，绝大多数精神科医生同意解离确实在某种程度上有效。也就是说，不管这一心理特技的本质是什么，它都是真正的止痛药。或者更确切地说，不管它是否能减轻疼痛，它确实能让受苦的感觉变得迟钝。所以，我们就得到一个说得过去的结论：无论不解离儿童与解离儿童之间的区别是什么，都是一个显著影响受苦的存在或程度的区别。我必须补充说明，我所说的一切绝不代表当儿童解离时，他们以某种方式减轻了施虐者恶行的残暴程度。但这些儿童确实显著消除了施虐结果本身的可怕程度，但在以后的生活里，他们依然要付出沉重的代价来处理解离的后果。

解离儿童遭受的痛苦没有不解离儿童那么多。那么，对于那些天然解离的生物，我们又该说什么呢？这些生物从来没有实现或试图实现那种复杂的内部组织。正常儿童的这些组织是标准的，而解离儿童的这些组织已被破坏。我们似乎很容易得出这样一个结论：这样的生物天生就不能像正常人类一样受那种苦或那么多的苦。但是，如果所有非人类物种都处于这种相对无组织的状态，我们就有理由假设，非人类动物可能确实会感到疼痛，但受苦的方式与人类不同。

说得轻巧！不难想象，正义的动物爱好者肯定会对这种说法感到愤慨和深深的怀疑。既然它确实倾向于消除我们对很多人类常见做法的疑虑，至少能部分免除其他人加在猎人、农民和实验者身上的罪责，那么我们在考虑它的理由时就应该特别谨慎而公平。不管是站在这个引得群情激愤的问题的哪一边，我们都应该关注幻象的来源。有关非人类动物受苦的敏感程度不及人类的说法，通常会引发一系列让人揪心的故事，而大多数故事都与狗有关。狗为什么那么突出？是否因为狗确实比其他哺乳动物有更强的感受痛苦的能力，所以成了最好的反例？有可能，而且从我们一直追随的进化视角可以解释个中原因。

在家养动物中，只有狗会对主人向它们展示的大量“人性化”的行为做出强烈的回应。我们对狗说话，怜惜它们，常常尽可能像对待人类同伴那样对待它们，还因为它们对这种友好行为做出的亲密而积极的反应，令我们感到开心。我们可以试着这样对待猫，但似乎很少得到同样的回应。仔细想来这并不奇怪，家养的狗是社会性哺乳动物的后代，几百万年来，它们习惯于生活在互相合作、高度互动的群体里，而家猫却是非社会性种系的后代。此外，与狼、狐狸或郊狼等表亲相比，家养的狗对人类情感的反应尤其不同。这种情况其实并不神秘。正是由于这些差别，世世代代的家养狗才被挑选出来。达尔文在《物种起源》中指出，为了培育跑得更快的马、毛更多的羊和肉更多的牛等，人类蓄意干预驯养物种的繁殖已经有几千年的历史了。不过，一种更为微妙却同样强大的力量在更长的时间里塑造着人类的家养物种，达尔文称之为无意识选择。也就是说，尽管我们的祖先对家养物种做出了有选择的繁殖，他们却不认为自己在这样做。这种无意间的偏爱日积月累，使狗在我们所喜欢的方面越来越像我们。

我认为，我们无意识选择的其他特征里面，包括对人类社会化过程的易感性。这种易感性在狗身上产生的许多组织性效果，与人类社会化过程在人类婴儿身上产生的效果是相同的。我们通过将它们当成人那样看待，确实成功地使它们更通人性。它们开始发展出组织性的特征，而这些本来是社会化人类所独有的领域。简言之，如果正如我主张的那样，作为真正意义上的受苦的必要条件的那种人类意识，是对人脑虚拟结构的根本性重组，那么可以说，只有能通过文化把那个虚拟机器加在自己身上的动物，才可能拥有某种与意识稍微有点类似的东西。狗显然最接近于满足这个条件。

那么，疼痛呢？我踩了你的脚指头，引起一阵短暂但确定且确实有意识的疼痛，这时，我对你的伤害微乎其微，通常根本不会造成任何实质性的伤害。这个疼痛尽管强烈，却太短暂而无关紧要，而我也没给你的脚造成长期损伤。你“受苦”一两秒钟的说法是对那个重要概念的可笑误用。即使我们承认我给你带来了几秒钟的痛苦，会使你恼火几秒钟甚至几分钟，尤其是你认为我是故意为之的时候，但疼痛本身作为短暂的负面经历，也只有稍纵即逝的道德意义。如果说因为我踩到你的脚指头，打断了你正在演唱的咏叹调，从而毁掉了你的歌剧生涯，那就另当别论了。

很多讨论似乎都默认：①受苦与疼痛是一回事，只不过在程度上有差别；②所有疼痛都是“体会到的疼痛”；③“受苦多少”的计算方法“在原则上”是把所有的疼痛相加，而用持续时间乘以强度可以确定每个疼痛的糟糕程度。极端冷静地看，这些假设其实很荒唐，但某些坚定的拥护者怕是实在难以做到冷静看待。发挥一下想象力可能会有所帮助：假设由于某种“现代医学奇迹”，你可以把你所有的疼痛、受苦和它们发生的情境分开，再把它们全部推迟到比如说年底，到那时，再花一个星期忍受持续而可怕的剧烈痛苦。这样的假期可真不怎么样。或者按照假设③中的公式，将持续时间换成强度，比如将一年的不幸压缩为 5 分钟痛苦至极的猛烈冲击。一整年都没有任何轻微的烦恼或者头痛，换来的是短暂且完全可恢复却没有任何止痛剂的地狱体验。你愿意接受这样的交易吗？

如果我觉得有道理的话，我肯定愿意。当然，我们假设这段可怕的经历不会置我于死地或者使我事后发疯，尽管我会很乐意在那种冲击过程中发疯！事实上，我会欣然接受这笔交易，即使要将受苦的总量翻一番或两番，只要它能够在 5 分钟内结束，而不留下任何持久的损害。我想任何人都会乐于接受这样的交易，但这真的没有什么意义。比如说，这将意味着，为所有人提供这一免费服务的施惠者将使世界上的痛苦翻一番或两番，而他却因此受到世人的爱戴。

当然，这种情形的问题在于，你不可能按照想象的方式将疼痛和受苦与其情境分开。预测和后果，以及它们对人生规划与前景的可能影响，不应作为受苦的“单纯认知性”伴生物而被忽视。失去工作、失去腿、失去名誉或者失去爱人的可怕之处，不在于承受这件事令你蒙受的痛苦，而在于这些事件本身就会令你受苦。如果我们致力于发现和减轻世界上未被承认的受苦情形，就需要研究各种生物的生活，不只是它们的大脑。当然，它们大脑中发生的事情，提供了大量的证据，表明它们正在做什么以及如何做，因此与它们的生活是高度相关的。不过，对于训练有素的观察者而言，它们正在做的事情最终是可见的，就像植物、山溪或者内燃机的活动一样可见。如果通过用各种科学方法，进行勤奋研究，也没有在这些我们能看到的生活里发现受苦的迹象，我们就能放心地确信，在它们的大脑中不存在不可见的受苦迹象。如果我们发现了受苦，就能毫不费力地把它识别出来。我们对它太熟悉了。

本书用一些问题开的头，由于这是一本哲学家写的书，所以书的结尾没有给出具体的答案，但我希望你再提出这些问题时，已经有了更好的提问方法。至少，在对不同类型心智的持续探索中，我们看得到一些值得追寻的道路，以及一些可以避开的陷阱。

未来，属于终身学习者

我这辈子遇到的聪明人（来自各行各业的聪明人）没有不每天阅读的——没有，一个都没有。巴菲特读书之多，我读书之多，可能会让你感到吃惊。孩子们都笑话我。他们觉得我是一本长了两条腿的书。

——查理·芒格

互联网改变了信息连接的方式；指数型技术在迅速颠覆着现有的商业世界；人工智能已经开始抢占人类的工作岗位……

未来，到底需要什么样的人才？

改变命运唯一的策略是你要变成终身学习者。未来世界将不再需要单一的技能型人才，而是需要具备完善的知识结构、极强逻辑思考力和高感知力的复合型人才。优秀的人往往通过阅读建立足够强大的抽象思维能力，获得异于众人的思考和整合能力。未来，将属于终身学习者！而阅读必定和终身学习形影不离。

很多人读书，追求的是干货，寻求的是立刻行之有效的解决方案。其实这是一种留在舒适区的阅读方法。在这个充满不确定性的年代，答案不会简单地出现在书里，因为生活根本就没有标准确切的答案，你也不能期望过去的经验能解决未来的问题。

而真正的阅读，应该在书中与智者同行思考，借他们的视角看到世界的多元性，提出比答案更重要的好问题，在不确定的时代中领先起跑。

湛庐阅读 App：与最聪明的人共同进化

有人常常把成本支出的焦点放在书价上，把读完一本书当作阅读的终结。其实不然。

时间是读者付出的最大阅读成本

怎么读是读者面临的最大阅读障碍

“读书破万卷”不仅仅在“万”，更重要的是在“破”！

现在，我们构建了全新的“湛庐阅读”App。它将成为你“破万卷”的新居所。在这里：

- 不用考虑读什么，你可以便捷找到纸书、电子书、有声书和各种声音产品；
- 你可以学会怎么读，你将发现集泛读、通读、精读于一体的阅读解决方案；
- 你会与作者、译者、专家、推荐人和阅读教练相遇，他们是优质思想的发源地；
- 你会与优秀的读者和终身学习者为伍，他们对阅读和学习有着持久的热情和源源不绝的内驱力。

从单一到复合，从知道到精通，从理解到创造，湛庐希望建立一个“与最聪明的人共同进化”的社区，成为人类先进思想交汇的聚集地，与你共同迎接未来。

与此同时，我们希望能够重新定义你的学习场景，让你随时随地收获有内容、有价值的思想，通过阅读实现终身学习。这是我们的使命和价值。